TERRA DOS HOMENS
a geografia

Conselho Acadêmico
Ataliba Teixeira de Castilho
Carlos Eduardo Lins da Silva
Carlos Fico
Jaime Cordeiro
José Luiz Fiorin
Tania Regina de Luca

Proibida a reprodução total ou parcial em qualquer mídia
sem a autorização escrita da editora.
Os infratores estão sujeitos às penas da lei.

A Editora não é responsável pelo conteúdo deste livro.
O Autor conhece os fatos narrados, pelos quais é responsável,
assim como se responsabiliza pelos juízos emitidos.

Consulte nosso catálogo completo e últimos lançamentos em **www.editoracontexto.com.br**.

TERRA DOS HOMENS
a geografia

Paul Claval

Tradução
Domitila Madureira

Copyright © 2010 Paul Claval

Todos os direitos desta edição reservados à
Editora Contexto (Editora Pinsky Ltda.)

Foto de capa
Costa Amalfitana (Jaime Pinsky)

Montagem de capa e diagramação
Gustavo S. Vilas Boas

Preparação de textos
Daniela Marini Iwamoto

Revisão
Lilian Aquino

Tradução
Domitila Madureira

Dados Internacionais de Catalogação na Publicação (CIP)
(Câmara Brasileira do Livro, SP, Brasil)

Claval, Paul
Terra dos homens : a geografia / Paul Claval ; tradução
Domitila Madureira. – 1. ed., 2ª reimpressão. – São Paulo :
Contexto, 2015.

Título original: Terre des hommes : la géographie
Bibliografia.
ISBN 978-85-7244-490-3

1. Geografia humana I. Título.

10-10404	CDD-304.2

Índice para catálogo sistemático:
1. Geografia humana 304.2

2015

EDITORA CONTEXTO
Diretor editorial: *Jaime Pinsky*

Rua Dr. José Elias, 520 – Alto da Lapa
05083-030 – São Paulo – SP
PABX: (11) 3832 5838
contato@editoracontexto.com.br
www.editoracontexto.com.br

SUMÁRIO

INTRODUÇÃO
A geografia: práticas, habilidades, conhecimentos..........................7

A geografia é um saber banal, ao alcance de todo mundo...................9

PRIMEIRA PARTE
A geografia como prática: habilidades e saberes empíricos...........13

A geografia serve para os homens se orientarem...............................15

A geografia permite o domínio humano sobre a terra 21

A geografia ajuda a estruturar o espaço social...................................25

A geografia serve também para se fazer a guerra...............................31

SEGUNDA PARTE
A geografia como experiência do espaço e dos lugares..................37

Habitar..39

Viajar 45

O aqui e o alhures, o mesmo e o outro: heterotopias 51

A imaginação geográfica e a experiência dos outros mundos 57

TERCEIRA PARTE
A geografia como ciência:
a contribuição dos gregos e sua reinterpretação na Renascença ... 63

Uma disciplina científica que se anuncia na Jônia 65

"Essa ciência sublime que lê no céu a imagem
da Terra" (Ptolomeu) 71

Os gregos descrevem a Terra 77

A geografia da Renascença e da Idade Moderna 85

QUARTA PARTE
A geografia como ciência: a geografia moderna e suas mutações.. 91

A grande bifurcação do século XVIII 93

Os novos espaços do econômico e do político 99

Da estatística aos sistemas georreferenciados 103

O nascimento da geografia humana 109

Da geografia clássica à nova geografia: revolução ou realização? 115

Questionamentos 121

A Terra dos homens na era digital 127

Conclusão **133**

Bibliografia **139**

O autor **143**

INTRODUÇÃO
A GEOGRAFIA:
PRÁTICAS, HABILIDADES, CONHECIMENTOS

Nós achávamos que conhecíamos a geografia: antigamente ela listava os estados e suas capitais. Hoje ela fala de população e de paisagens, se interessa pelos oceanos, pelas montanhas, pelos ambientes extremos, mas também pelas áreas rurais, pelas cidades, pelas grandes metrópoles e pelos espaços cada vez maiores de urbanização difusa. Entre as duas grandes guerras mundiais, a geografia enumerava a produção do carvão, do petróleo e do aço de cada país; passava em revista as grandes potências que dominavam o mundo pela força de sua economia e por seus impérios. No pós-guerra, a geografia se apaixonou pelo Terceiro Mundo, pelos obstáculos ao seu desenvolvimento, bem como pelos meios de remediar a isso. Ela insistia cada vez mais sobre os países emergentes, acompanhava o deslocamento do centro de gravidade demográfica e econômica do planeta para os países do sul, e particularmente em direção aos países da Ásia do leste, Ásia do sul e da Ásia do sudeste. A geografia passou a se alarmar com a degradação do meio ambiente, com o aquecimento do clima e com o aumento do nível dos mares. Ela se questionou sobre a crise de identidade e as marolas provocadas pela globalização.

O que reter desse breve panorama? Que a geografia, tal como é ensinada há pouco mais de um século, fala do país onde se vive, do concerto das nações que o rodeiam, do que confere a algumas o poderio. Ela cola na atualidade nacional e mundial. Aqueles que praticam a geografia têm a preocupação de não perderem de vista nem os acontecimentos, nem a evolução do cenário mundial. As cartas geográficas e a imagem em movimento, que são seus auxiliares, lhe permitiram invadir os jornais, as revistas ou a televisão. Havia, nos anos 1960 e 1970, as expedições do comandante Cousteau. Outras séries como "Thalassa", "Nicolas Hulot" ou o programa "Debaixo dos Mapas" de Louis Victor lhe sucederam. A geografia hoje está expandida entre todas as formas de vulgarização que alimenta.

Mas a geografia é na verdade uma coisa bem diferente. Para entender isso, é preciso se mostrar modesto. Ao lado das obras didáticas ou enciclopédicas que chamam a atenção, a geografia está presente nas práticas, nas habilidades, nos conhecimentos que todos sempre mobilizamos em nossa vida diária, nos preceitos que os governos observam para dirigir seus países ou nos procedimentos aos quais recorrem os empreendedores para conceber, fabricar e divulgar os bens que eles produzem e vendem. Muito antes de se tornar uma ciência, a geografia já produzia discursos ao estruturar habilidade e conhecimentos empíricos, os quais ela colocava em ordem. Para entender o que é a geografia e a quais necessidades ela responde, é importante partir do conjunto dessas realidades.

A geografia é uma disciplina complexa que é difícil definir em poucas linhas. Seu sentido não parou de evoluir com o progresso das técnicas, a ampliação do mundo conhecido, as transformações da razão científica. Para captá-la em sua diversidade, parece-nos interessante recapitular as perspectivas e os contextos nos quais as práticas e os saberes geográficos nasceram e evoluíram. De uma época a outra, de um lugar a outro, as realidades se sobrepõem, em maior ou menor grau, mas não são idênticas.

A geografia é inicialmente constituída de práticas e de habilidades indispensáveis para a vida dos indivíduos e dos grupos (veja a parte "A geografia como prática: habilidades e saberes empíricos" deste livro). Ela resulta da experiência que todos temos do mundo ("A geografia como experiência do espaço e dos lugares"). Os gregos lhe deram uma forma científica que foi dominante até ou um pouco além da Renascença ("A geografia como ciência: a contribuição dos gregos e sua reinterpretação na Renascença"). Mas novas configurações dos saberes geográficos são implantadas a partir do século XVIII ("A geografia como ciência: a geografia moderna e suas mutações").

A GEOGRAFIA É UM SABER BANAL, AO ALCANCE DE TODO MUNDO

"Os geógrafos são insuportáveis! Eles falam de sua disciplina como de uma ciência, quando ela é um saber banal, ao alcance de todo mundo!" Essa é a crítica mais frequentemente lançada contra a geografia: ela é de um acesso demasiadamente fácil e não ensina nada que não se possa descobrir por si mesmo com um pouco de bom senso! Ela se exprime na língua de todos os dias, se mostra em imagens diretamente compreensíveis. Não é um saber elaborado, baseado em abordagens sofisticadas. Se excluirmos a cartografia, e mais recentemente os sistemas georreferenciados, a geografia não desenvolveu técnicas próprias.

Ciências sociais e saberes vernaculares

A mesma observação poderia ser feita às outras ciências sociais: a história não tem o monopólio da evocação do passado; ela o faz com um rigor que a diferencia do universo do mito no qual estavam imersas as culturas tradicionais, mas a diferença é por vezes tênue. As histórias nacionais, tal como começaram a ser escritas no século xix, ancoram os povos num passado de grandeza e de glória, mas ignoram a torpeza dos poderosos e a exploração frequentemente selvagem das classes populares. Apesar das pretensões científicas daqueles que contam sua gênese, a nação é uma construção mítica.

A etnografia durante muito tempo se voltou para grupos distantes no espaço e no tempo; eles nos eram desconhecidos. O que ela apresentava parecia exótico, mas se limitava a descrever o cotidiano das populações em questão: tal quadro podia passar por original para o público ocidental, mas era banal e sem mistério para os membros dos grupos estudados.

A economia investiga a riqueza e os meios de criá-la. Mas todo mundo não tenta fazer o mesmo por seu próprio governo?

Os saberes geográficos das sociedades tradicionais

A geografia fala do que nos cerca: ela nos faz descobrir os climas, as formações vegetais, as paisagens desconhecidas, ela nos leva a percorrer os meios ambientes extremos. Mas os quadros que ela pinta e que nos fascinam são aqueles que os moradores dessas terras longínquas têm sob os olhos, quiçá aqueles cuja belicosidade desafia há muito tempo suas iniciativas. Uma das maiores novidades introduzida pela geografia no início do século xx, sob o impulso de Vidal de la Blache (1911), é a análise dos gêneros de vida. Ali no Valais suíço, no vale de Anniviers que Jean Brunhes analisa, os homens no fim do inverno abandonam as aldeias (Brunhes e Girardin, 1906): os pastores seguem com os rebanhos o crescimento das plantas forrageiras e ganham os prados de altitude na primavera, depois os prados de alta montanha no verão. Enquanto isso, outros adultos colhem as gramíneas da terra para alimentar os animais quando o inverno chegar, ou descem até o vale do Ródano para cuidar dos vinhedos. O prazer que essa geografia proporciona não está muito longe daquele oferecido pela etnografia. A diferença reside nisto: os geógrafos se apegam às células rurais ainda vividas no final do século xix enquanto os etnógrafos trabalham sobre os primeiros povos. Mas o que Jean Brunhes descreve são os aspectos mais triviais da vida dessa comunidade montanhesa.

Os saberes geográficos de um mundo urbanizado

O mundo se urbanizou: os estudos atuais tratam da vida nas zonas suburbanizadas que se estendem cada vez mais longe. Eles falam de migrações diárias em direção do local de trabalho (fábricas, escritórios, lojas), da monotonia das existências repetidas indefinidamente, dos grandes centros comerciais como únicos oásis onde se pode escapar do peso da vida. Aí também o geógrafo não ensina nada: ele conta o que já sabem todos aqueles que vivem nos subúrbios (sem graça), ou aquilo que os visitntes atentos não levam muito tempo para descobrir.

A GEOGRAFIA É UM SABER BANAL, AO ALCANCE DE TODO MUNDO

Como as outras ciências do homem, a geografia fala de situações que são de tal forma parte integrante da vida das pessoas e do destino dos grupos que todo mundo as conhece, todos sabem que atitude adotar em face dos problemas que essas ciências fazem surgir e quais técnicas empregar para dar conta destes. Aparentemente, a geografia se contenta com enunciar na forma de um discurso estruturado o que, para o homem comum, é antes o registro das práticas, das habilidades e das técnicas correntes. Ela torna assim acessível ao público as experiências que este ignorava.

Todo homem é geógrafo

Desde a origem dos tempos, todo homem é geógrafo. Ele o segue sendo ainda hoje. A geografia não faz nascer curiosidades, nem ensina atitudes, habilidades ou conhecimentos que teriam ficado desconhecidos até sua aparição. É normal: o universo científico não é aquele da revelação: para explicar as coisas do mundo e da vida, a verdade não cai de paraquedas de um certo além. Ela é resultante das experiências renovadas e de procedimentos imaginados há muito pelos homens para responder aos imperativos de sua vida cotidiana, dar um sentido às suas existências e compreender o que acontece para além dos horizontes que eles frequentam costumeiramente. As ciências sociais criticam os saberes empíricos, os sistematizam, ampliando-os ou revolucionando-os, mas estão enraizadas no mesmo fundo de necessidades e curiosidades.

Os primeiros povos bem como os grupos camponeses das sociedades tradicionais desenvolveram conhecimentos impressionantes, extensos e precisos, sobre seu meio ambiente. O povo hanuno das Filipinas, estudado por H. Conklin, conhecia 1.625 espécies vegetais das quais umas 500 ou 600 eram comestíveis e 400 de uso puramente medicinal. Eles distinguiam, na fauna, 75 tipos de pássaros, 12 formas de serpentes, 60 tipos de peixes e 108 categorias de insetos (Conklin, 1954, apud Lévi-Strauss, 1962: 7). Desde o início do século xx, a etnobotânica e a etnozoologia suscitaram muitos estudos. A botânica tem um objeto singular: o estudo científico das plantas. Ela possibilita, desde Lineu, nomeá-las e classificá-las. A etnobotânica se dedica à maneira pela qual os povos primeiros ou as populações camponesas distinguem, nomeiam, classificam e utilizam as espécies vegetais. A etnozoologia atua da mesma forma com as espécies animais.

Especificidade e dificuldades da etnogeografia

Não podemos, de modo semelhante, estudar as etnogeografias dos povos primeiros ou das sociedades agrícolas (Claval e Singaravélou, 1995; Claval, 2002)? Certamente, e os ensaios nesse sentido são abundantes. Eles se chocam no entanto com uma dificuldade. As práticas, as habilidades e os conhecimentos geográficos são diversos. Os ensaios que tratam da orientação se debruçam sobre um objeto relativamente simples, são frequentemente sistematizados e constituem o foco dos trabalhos de etnogeografia. Mas as práticas, as habilidades e os conhecimentos geográficos tratam dos meios nos quais vivem os grupos (e poderíamos falar nesse âmbito de etnoecologia e etnopedologia). Isso já é mais difícil de apreender, pois inerentemente ligados ao manejo do meio ambiente: as etnogeografias dos povos caçadores diferem daquelas dos pescadores ou pastores. As práticas, as habilidades, os conhecimentos e os discursos geográficos também dizem respeito ao tecido social no qual evoluem as populações e às redes que o estruturam; eles tratam das representações do além que dá sentido às suas vidas. Esses saberes estão ligados intimamente ao modo de agir, aos processos e às estratégias que cada um desenvolve, ou às políticas imaginadas ao nível dos grupos.

Isso explica o sucesso limitado das pesquisas etnogeográficas: elas miram uma pluralidade de objetos que, por sua vez, tratam simultaneamente do meio ambiente natural e do ambiente social. Esses estão inerentemente ligados às estratégias e esquemas de ação dos indivíduos e dos grupos. Os ensaios mais fecundos raramente dissociam esses objetos em suas pesquisas, e ao associá-los tornam sua realização viável. Sua dimensão geográfica é como que encoberta pelos complexos mais amplos nos quais esses projetos estão inseridos. O esforço analítico, que o ensaio de etnogeografia requer, está começando devagar.

Primeira parte
A geografia como prática: habilidades e saberes empíricos

A GEOGRAFIA SERVE PARA OS HOMENS SE ORIENTAREM

O corpo é orientado

Nosso corpo é orientado: à nossa frente se estende aquilo que nosso olhar descobre. Apenas através dos rumores e dos odores que nos chegam dali, apreendemos o que está atrás. Do lado direito e do lado esquerdo, há zonas nas quais os olhos detectam os movimentos mas captam mal as formas, um ligeiro movimento com a cabeça basta para descobri-las. Há ainda o acima, da linha dos olhos para o alto, e o abaixo, da linha dos olhos para o chão. O tato completa, na zona de proximidade, aquilo que nossos olhos, ouvidos e nariz nos ensinam.

Os pontos de referência ligados ao corpo são móveis: basta girar em torno de si mesmo para descobrir o que, um momento antes, estava atrás. A partir do corpo, o mundo se ordena em círculos sucessivos: dessa forma na esfera próxima pode-se tocar as coisas esticando a mão ou dando alguns passos; a maior parte dos ruídos e dos odores que percebemos provém dela. Uma outra esfera, que o olhar alcança, se estende para além desta, mas na qual somente os ruídos mais altos continuam a ser ouvidos, e onde são perceptíveis apenas os odores mais penetrantes; por último, há os espaços imaginados ou presumidos para além do horizonte.

Definir uma orientação: pontos de referência e pontos culminantes

Numa planície nua, num deserto ou numa estepe de vegetação rasteira, é fácil substituir as referências móveis decorrentes da posição do corpo por aquelas fornecidas por elementos notáveis: um morro isolado, um rochedo, uma árvore, um bosque, uma casa, uma aldeia, um campanário, um minarete. Enquanto esses pontos de referência forem visíveis, é fácil escolher o seu caminho: para atingir o prado onde pastam os meus rebanhos devo caminhar durante uma meia hora em direção ao morro ocre que se destaca no horizonte. Se eu fizer meia-volta em torno de mim mesmo, vejo que a direção oposta à que vou seguir fica a uns 30° à esquerda de um bosque distante. A partir do pasto onde se encontra meu rebanho, eu voltarei ao meu ponto de partida localizando o bosque e seguindo uma estrada que faz um ângulo de 30° à sua esquerda.

O problema da orientação pode ser resolvido assim, pouco a pouco, quando os horizontes estão ao mesmo tempo abertos e pontuados por pontos de referência visíveis: os pontos culminantes usados pelos marinheiros ao se aproximarem das costas. Porém, lá onde os horizontes estão encobertos, é mais difícil se localizar. Roland Pourtier o explica assim, ao falar da selva do Gabão:

> [...] a floresta, atulhada de árvores, desnorteia tanto quanto a figura negativa que lhe corresponde, isto é o deserto, talvez até mais. [...] A floresta não é entretanto impenetrável [...]. Contudo, caminha-se com a impressão de que se permanece de algum modo no mesmo lugar, cercado pelas mesmas árvores. A floresta mantém uma aparência indistinta: ali, a gente se sente ridiculamente desamparado, desorientado, inválido por não saber se localizar (Pourtier, 1989 I:148-149).

Ele precisa:

> A floresta descobre-se pouco a pouco, metro a metro, sem permitir nenhuma lacuna no encadeamento dos percursos. Num meio fechado, que restringe estreitamente a visão, qualquer progresso implica estabelecer sua retaguarda. Ao contrário dos espaços abertos, não se pode contar com pontos de referência distantes para avaliar a situação, já que o olhar não ultrapassa a distância de uma pedra lançada pela mão de homem. O espaço só pode estender-se numa rigorosa continuidade de lugares pacientemente reconhecidos: este constrangimento limita a sua

A GEOGRAFIA SERVE PARA OS HOMENS SE ORIENTAREM

extensão. A extensão controlada encontra-se limitada pela necessidade de aprender e de decorar as configurações em cada um dos seus lugares (Pourtier, 1989 I: 150).

A aprendizagem da orientação

A orientação nunca é um assunto meramente individual: enquanto se baseia no reconhecimento de itinerários já percorridos e na utilização de pontos de referência ou de marcadores distantes, todos dependemos de nossas capacidades de observação e da memorização para não nos perdermos. É imitando os antepassados que a criança apreende os elementos do ambiente que deve memorizar. Béatrice Collignon destaca esse aspecto ao tratar dos inuits, ou esquimós, do Cuivre, no norte do Canadá:

> Quando se desloca para regiões desconhecidas, o viajante grava na sua memória a imagem da disposição das paisagens, a fim de poder facilmente encontrar o caminho de volta. Ele localiza então os alinhamentos que lhe serão úteis depois. Esta operação está baseada tanto no treinamento quanto na aplicação de alguns métodos simples. Assim os jovens rapazes aprendem a olhar regularmente para trás quando se deslocam, de forma a poder reencontrar, no caminho de regresso, paisagens conhecidas (Collignon, 1996: 76).

O hábito de notar os detalhes significativos depende da existência de nomenclatura específica:

> A precisão da observação acompanha a riqueza do vocabulário geográfico elaborado para dar conta da diversidade das configurações. Em *inuinnaqtun*, como em todos os dialetos dos esquimós, a nomenclatura é particularmente rica em termos que para nós designam unicamente o gelo (Collignon, 1996: 77).

Afinal, tratando-se de orientação:

> os conhecimentos essenciais à sobrevivência do caçador e da sua família são transmitidos de geração em geração através da educação que o pai dá ao seu filho – ou a seus filhos – durante seis ou sete anos. Esta educação é baseada não em discursos, mas antes na observação atenta do mestre (o pai) pelo aluno (o filho), que tenta reproduzir todos os seus gestos (Collignon, 1996: 78).

Felizes são os países onde a vista é desimpedida e onde certos elementos permitem que pouco a pouco nos localizemos por longas dis-

TERRA DOS HOMENS

tâncias! O rio Klamath desempenhava este papel para os índios yurok da Califórnia setentrional (Downs e Stea, 1974); as duas cordilheiras paralelas que enquadram o altiplano peruano e boliviano desempenhavam o mesmo papel para os aimarás (Franqueville, 1995).

Os pontos cardeais

Quanto mais distanciados estiverem os pontos de referência, mais úteis os pontos cardeais serão para aqueles que deles se utilizam: o ângulo sob o qual são vistos varia menos quando não estiverem alinhados com a trajetória seguida. Daí a vantagem de se tomar estrelas como pontos de referência: estas aparentam estar imóveis enquanto nos deslocamos em linha reta. Confiamos na Estrela Polar, em torno da qual a rotação da abóbada celeste se organiza no hemisfério norte, assim como confiamos no Sol: no momento em que este alcança o zênite, ele indica o Sul.

A partir do momento em que elementos topográficos notáveis tiverem sido observados ou que a permanência das direções estelares tiver sido destacada, a orientação demanda a aquisição de conhecimentos formalizados. Eles são explanados por meio de discursos de natureza pedagógica. Aprendemos como nos localizar à noite, e como seguir de dia o movimento aparente do Sol para avaliar, em função da sua altura acima da linha do horizonte, a hora e a direção que ele indica. No equinócio, por exemplo, o Sol está* no Sudeste às nove horas da manhã e no Sudoeste às três da tarde.

A orientação assim se torna possível até mesmo onde nenhum ponto de referência existe como, por exemplo, em alto mar. Infelizmente, não é uma operação passível de ser realizada a qualquer momento, pois a Estrela Polar se encontra visível somente à noite e o Sol, frequentemente, se encontra encoberto por nuvens. Daí a utilidade da bússola que assinala o polo norte magnético, localizado próximo ao Norte geográfico ou astronômico. A diferença entre Norte geográfico e magnético é desprezível, quando as distâncias percorridas se medem em dezenas ou centenas de quilômetros. Algumas correções são necessárias quando os percursos são prolongados, como para atravessar os oceanos.

---

* N. T.: Observações feitas a 50° N, latitude de Paris, França.

A toponímia:
um tapete de nomes estendido sobre a terra

A socialização da orientação não se exprime somente através da aprendizagem ou do ensino que as habilidades e os conhecimentos adquiridos nesse campo transmitem de geração a geração. Ela se manifesta pelos nomes dados aos lugares, o que torna possível sua menção e favorecem sua memorização, principalmente porque eles perduram no tempo. Na França, alguns nomes de rios, de picos ou de montanhas são indo-europeus. Os topônimos constituem um tapete espalhado no espaço. Os nômades o carregam parcialmente consigo ao se deslocar, aplicando os mesmos topônimos a todos os diferentes lugares em que pegam água, ou em que se reúnem, ou onde se isolam (Collignon, 1996; Frérot, 2010).

Os rios, os maciços montanhosos, os cimos recebem nomes muito cedo. As representações que todos fazemos do meio ambiente em que vivemos ou onde nos deslocamos se exprimem daí em diante nos mesmos termos e coincidem. Isso permite descrever os itinerários: para ir de Grenoble a Turim, subimos o vale do rio Isère na região do Grésivaudan, entre a serra de Belledonne e o maciço da Chartreuse. Em seguida, percorremos a região de Maurienne, atravessada pelo Arc, um afluente do Isère. Esse vale penetra no coração da cordilheira dos Alpes e leva ao monte Cenis, de onde descemos em direção de Suse, no vale do Doire Ripaire, rio que nos leva diretamente a Turim.

Todas as sociedades para viver dispõem, por conseguinte, de métodos graças aos quais os seus membros conseguem localizar, reconhecer e se dirigir aos seus destinos. Colocamos uma etiqueta em cada lugar conhecido, de modo que possamos nomeá-los. A primeira geografia é a da orientação, completada pelos parâmetros linguísticos: ela é necessariamente parte de qualquer cultura.

As dificuldades da descrição

Podemos descrever esquematicamente o mundo graças à toponímia: dizer perto de qual lago nos encontramos, ao pé de que montanha caminhamos e qual rio seguimos. Os nomes que memorizamos nos permitem falar das aldeias, das vilas ou das cidades que atravessamos. Para designar complexos mais amplos, recorremos a termos que designam toda uma região em função de seu relevo (os Pireneus), de sua vegetação (Araucária) ou de suas populações (Ligúria). O que durante muito tempo faltou para caracterizar a paisagem foram palavras para designar as formas: montanha, cimo, maciço são vagos. Para definir com exatidão as formas do relevo é necessário empregar termos precisos: *corniche*, falésia, deslizamento, e imaginar expressões para distinguir as vertentes de perfil de longa convexidade daquelas cujo perfil se torna rapidamente côncavo. Bernardin de Saint-Pierre (1773) já fazia essa observação em sua viagem de retorno da Ile de France (hoje, Ilhas Maurícias). São necessários termos emprestados à mineralogia e à geologia para distinguir, nas rochas, os escuros basaltos dos claros calcários. Da mesma forma é difícil caracterizar a vegetação: falar de árvores, de florestas, de pastagens é por demais vago. A arte da descrição geográfica começa a se desenvolver somente a partir dos séculos XVII e XVIII. As descrições anteriores nos decepcionam, mas o simples fato de enumerarem os topônimos, sua situação relativa, alguns traços do relevo, os povos ou grupos encontrados, isso já é precioso: transmite de fato, sob uma forma simples, um grande número de informações.

A GEOGRAFIA PERMITE O DOMÍNIO HUMANO SOBRE A TERRA

Caçadores e pescadores: o exemplo do povo inuit, os esquimós do Cuivre

Os saberes geográficos do povo inuit, estudados por Béatrice Collignon, vão muito além da aptidão que tem para se orientar e seguir longos itinerários em regiões onde faltam pontos de referência e onde a visibilidade frequentemente é péssima. Eles vivem da caça e da pesca. A caça se desloca e não é achada em toda parte. Algumas baías, certas áreas litorâneas, são mais piscosas e ali as focas são mais abundantes. Esses recursos são demasiadamente raros e variáveis para que os grupos possam fixar residência no mesmo lugar: as famílias se reúnem no inverno nos setores onde as focas vêm respirar. No verão, elas se dispersam para ir caçar renas na tundra, ou para frequentar as zonas de pesca.

Para sobreviver em ambientes tão rigorosos, não basta saber se dirigir. É fundamental saber avaliar o valor de certa área de tundra para a caça com cães, ou a abundância de peixes em dado momento ou em certa parte do litoral. A sabedoria geográfica dos inuits não é feita somente de itinerários. Eles servem para passar de uma zona de pesca à outra, de uma área de caça à outra. As representações que esse povo faz do espaço se detêm mais particularmente sobre as vastidões das quais tiram sua subsistência: não é possível atravessá-las com pressa. Elas são percorridas em todos os sentidos para se observar as pastagens de que as renas gostam, os lugares em que é possível esconder-se para aproximar-se delas, e para definir qual método de caça será mais conveniente empregar. Ao longo do litoral, não são somente os pontos culminantes que contam: é a qualidade da água, mais fria aqui, mais transparente ou mais opaca acolá.

Os inuits têm, do ponto de vista dos recursos de que dispõem, um sólido conhecimento do meio ambiente que os circunda, quer se trate da caça em terra, quer se trate do peixe ou a foca no litoral ou no mar. Eles distinguem diferentes tipos de tundra e observam os setores em que a vegetação é mais apreciada pelas renas. No mar, eles sabem de que correntes os cardumes de peixes gostam mais particularmente e para quais pontos o contato de águas diferentes os atrai.

Eles observam tudo o que é útil para os modos de pescar e de caçar que eles praticam. O meio continental é tanto mais útil porque a vegetação permite chegar bem perto da caça para atirar uma lança ou uma flecha. Durante o inverno, o que atrai a atenção dos inuits, na banquisa, são os buracos mantidos pelas focas para respirar. O conhecimento que os inuits têm da diversidade dos ambientes é de uma alta precisão, mas não se detém naquilo que geralmente chama a atenção da moderna geografia. A seleção operada entre os traços observados é ligada às armas, aos arpões, às linhas de que se servem esses grupos, bem como aos tipos de peixe que eles procuram e à caça que querem abater.

O exemplo dos pastores saarianos

O que Béatrice Collignon revela quanto aos inuits da baía do Cuivre pode ser transposto, *mutatis mutandis*, a outros povos nômades, como os pastores saarianos que Anne-Marie Frérot (2010) conhece bem. Durante os deslocamentos que os jovens rapazes fazem em companhia de seus pais, eles também aprendem a se localizar, a notar os pontos de referência que lhes servirão de baliza ao voltar ou durante uma nova viagem no mesmo itinerário. Os horizontes sem obstáculos, a qualidade da luz e as noites claras tornam relativamente fácil usar os pontos de referência longínquos ou recorrer aos pontos cardeais. Os meios são contrastados: ambientes sombrios dos desertos rochosos, espaços claros das áreas arenosas. Mas no interior desses complexos a monotonia é grande: é preciso o olhar treinado dos pastores ou dos condutores de caravana para observar os detalhes significativos.

Ali como no Ártico (quer seja no Canadá, no Alasca ou na Groelândia), o que motiva os deslocamentos são os imperativos do abastecimento em víveres. É preciso conhecer as pastagens para onde levar os rebanhos e saber a época em que, depois da chuva, elas rebrotam. São saberes de uma geografia natural portanto, mas orientados pelas necessidades da vida pastoril. É preciso observar a presença das plantas de que os camelos, as ovelhas ou as cabras gostam e que garantem sua alimentação. O espaço é feito de itinerários percorridos rapidamente e de superfícies conhecidas mais ou menos intimamente porque são úteis e que são, por vezes, local de residência durante semanas ou meses.

O domínio do ambiente pelas populações agrícolas

Há igualmente as geografias dos agricultores. Estes são sedentários: os itinerários que eles percorrem são menos longos do que os dos nômades: inútil, aqui, se mudar para seguir o amadurecimento dos grãos e das frutas, as migrações da caça ou a passagem dos peixes. Os deslocamentos vão da fazenda ou da aldeia aos campos e aos prados. A parte dos saberes naturalistas é também igualmente importante. O cultivador deve distinguir os solos ricos e os solos pobres, aqueles que são básicos e aqueles que são ácidos. Os primeiros convêm ao trigo, os outros, ao centeio e ao trigo sarraceno. O momento da lida tem que ser decidido com conhecimento de causa; para facilitar a lavra, o solo deve estar úmido, mas não em demasia. É melhor fazê-lo alguns dias depois de chover, quando a terra já tiver perdido o excesso de água, sobretudo se a chuva foi forte. Algumas plantas sofrem com as geadas temporãs, portanto, não se deve ter pressa em iniciar seu cultivo na primavera.

As colheitas esgotam o solo, todos os agricultores sabem disso. É preciso manter sua fertilidade ao variar, de ano para ano, sua utilização. O mais fácil é deixar o solo em pousio depois de cada sequência de dois ou três anos de sua utilização. Se a criação de gado não for associada à lavoura, o pousio pastoril ou florestal deve durar dez, vinte ou trinta anos, a depender dos tipos de vegetação e da natureza dos solos. O esterco produzido pelo gado possibilita reduzir o tempo de pousio; eventualmente se pode suprimi-lo, intercalando a sequência de plantas cultivadas com leguminosas, por exemplo, que são plantas que repõem matéria azotada no solo em que crescem.

Numa zona que lhe é familiar, o agricultor facilmente distingue os terrenos bons daqueles que são menos favoráveis: pobres demais, pesados demais ou leves demais. Ele adivinha as perdas que as geadas noturnas podem causar no início da primavera nos vales de talvegue muito encaixado, onde o ar fica estagnado.

As habilidades indispensáveis para transformar a matéria e construir a moradia

Os saberes vernaculares* sobre os meios não tratam apenas de plantas e de animais, de colheitas, de caça e pesca, de pecuária ou de agricultura. Certos conhecimentos dizem respeito ao subsolo. Onde encontrar a argila para cozer tijolos e telhas para as casas? De onde tirar pedras resistentes ao gelo para construir as paredes e onde encontrar ardósias finas para cobrir o teto? De onde extrair rochas porosas com as quais erguer abóbadas que não esmaguem as paredes? Outros saberes servem para estruturar a moradia: onde derrubar as árvores que forneçam as traves retas necessárias na carpintaria?

Ao lado dos conhecimentos naturalistas que os pedreiros, carpinteiros e telhadores desenvolvem, há aqueles que permitem alimentar o artesanato com fibras para tecer, a produção de metal com minerais a serem tratados, os fornos com carvão vegetal. Há os conhecimentos que permitem também explorar a força dos cursos d'água para acionar os moinhos de moer farinha, de serrar toras, de tecer panos, de pilar grãos.

Conhecimentos geográficos que raramente são explicitados

A dimensão geográfica das habilidades e dos conhecimentos naturalistas empregados nas atividades humanas muitas vezes permanece implícita. O madeireiro que escolhe suas traves raciocina em termos de espécies, de qualidade da madeira, do abate das árvores. Ele não isola sua localização do restante dos elementos que leva em consideração.

O industrial que instala uma fiadura ou tecedura na região de Vosges no século XIX está de certa forma na mesma situação. Sua matéria-prima pode ser entregue em qualquer lugar, sem que isso pese de forma significativa em seus custos. Os fios e os tecidos que ele produz viajam bem. Há vários fatores locais em sua escolha: essencialmente a presença das quedas d'água a serem equipadas, mas o problema se coloca em termos de energia, não em termos de lugar de localização.

---

* N. T.: A expressão "saber vernacular" se difunde a partir de 1990, em substituição à expressão "sabedoria popular" e se contrapõe ao "saber científico".

A GEOGRAFIA AJUDA A ESTRUTURAR O ESPAÇO SOCIAL

Os direitos de uso e de propriedade do solo estruturam o espaço dos homens

Nem todos os espaços têm caça, nem todas as águas são piscosas, nem todos os pastos são gordos, nem todas as terras são férteis: os indivíduos e os grupos cobiçam as áreas onde seus esforços serão mais bem recompensados. Como nem todos podem consegui-las, eles precisam aprender a dividi-las: alguns obtêm o direito de usar os pastos na primavera; outros, o de deixar seu gado pastar ali no outono. Em outros lugares, pessoas se tornam proprietárias de uma terra sobre a qual exercem permanentemente o direito de pleno gozo. Devemos acrescentar às práticas, às habilidades e às técnicas relativas ao domínio do meio ambiente, os usos e regras que tratam dos direitos de uso ou de propriedade pois têm uma dimensão geográfica.

Cooperação e divisão do trabalho

A caça, a pesca, a pecuária, a lavoura frequentemente pedem a mobilização de um grupo inteiro para cercar a caça, construir cestos onde capturar o peixe, reunir e marcar o gado, expandir a fronteira agrícola, preparar a terra e semeá-la; preparar as jovens mudas; colher o trigo e separar o joio. As produções implicam, dessa forma, geralmente uma cooperação ativa e uma divisão de tarefas. Esta se traduz, entre outras, pela divisão das responsabilidades e do trabalho entre os homens e as mulheres.

Nesse sentido, bastam algumas poucas horas para ser iniciado em alguns gestos, mas um aprendizado que dura anos é necessário em muitos setores. Não dá para se improvisar como construtor, carpinteiro, ferreiro ou alfaiate. Algumas atividades são exclusivas de corporações de ofícios especializados: aqueles que as realizam só podem viver trocando os artigos e os serviços que eles oferecem contra os víveres de que têm necessidade, ou contra outros artigos e serviços menos indispensáveis, mas também desejáveis.

Em quaisquer sociedades, o costume e as regras especificam os direitos de acesso ou de uso de que cada um goza quanto à terra e ao subsolo. Isso torna eficiente a cooperação e permite (graças à permuta) uma especialização por vezes muito desenvolvida. Não se trata de técnicas, mas de usos e regras indispensáveis à organização da existência coletiva. Uma parte importante dos saberes geográficos diz respeito à vida de relações e ao modo como essa é estruturada.

Formas de interação e de trocas

Os circuitos de interação e de trocas se inscrevem em círculos mais ou menos largos. Os mais estreitos (o casal, a família) contam apenas alguns indivíduos, dez ou quinze no máximo no Ocidente. O espaço onde encontramos todas essas células elementares comporta tanto nichos de repouso e de isolamento quanto cômodos de convivência onde todos se reúnem; trata-se em muitos casos da cozinha. As geografias vernaculares contemplam dessa forma a arte da habitação, a maneira de escolher os sítios em que se pode construir, o tipo de casa (desmontável ou permanente) que aí é levantada, a maneira pela qual protege do mundo externo e se abre para ele (Collignon e Staszak, 2004).

Transporte e comunicação

Para participar dos círculos de sociabilidade mais largos, é preciso se deslocar ou, hoje, possuir meios de comunicação à distância. A geografia social espontânea comporta espaços para a vida privada e vias, ruas, caminhos, estradas que alguém usa para encontrar os outros parceiros. Quando desejamos nos reunir com vários, é prático escolher um local de encontro acessível a todos: uma área desimpedida, uma praça, o pátio de uma igreja, tal bar, tal loja, ou um escritório situado nesta ou naquela rua. Se os encontros têm lugar sucessivamente, é preciso se certificar de que não há perda de tempo em passar de um lugar a outro, é a vantagem dos lugares centrais que facilitam assim os relacionamentos: no interior todos sabem para que serve um povoamento ou uma aldeia, nas aglomerações as pessoas se encontram no centro da cidade. Ninguém esperou por Walter Christaller para entender em que uma localidade central facilita a existência e por qual razão convém se instalar ali se, por exemplo, se pratica uma profissão que requer contatos múltiplos.

O papel dos contatos

Quando as relações permanecem puramente individuais, a confiança se fundamenta na maneira pela qual as pessoas se apresentam, no ar de franqueza que demonstram na face, na sua afabilidade; ela depende das experiências que já tivemos com elas. O contato direto é indispensável para apreciar essas qualidades. Ele ganha em ser um pouco informal, se desejarmos de fato aquilatar as pessoas: os homens de negócios convidam ao restaurante aqueles com quem tratam. Para melhor julgá-los, eles os convidam para uma partida de tênis ou dão um jeito de passar um fim de semana em comum, na montanha ou à beira-mar.

As relações de troca que toda vida social implica criam o risco de nos colocar face a face diante de indivíduos indelicados, sem caráter ou ladrões. As pessoas integradas em sistemas de relações organizados, estáveis, são enquadradas e frequentemente controladas; os riscos são mínimos, pois os empregados que se comportam mal são advertidos, punidos ou até excluídos. Portanto há menos chance de se ser passado para trás quando seus parceiros fazem parte de uma organização.

Mercados e organização das trocas

Por ocasião de uma compra, é difícil ter total confiança no vendedor pois ele louva as vantagens de sua mercadoria mesmo quando sabe que ela é péssima e não está em conformidade com as normas em vigor; ele tem a tentação de fraudar no peso. A única garantia que se tem é aquela que a apreciação direta do produto permite: é preciso vê-lo, apalpá-lo, experimentá-lo se for um produto alimentício; manejá-lo para conferir sua solidez e o conforto que oferece, se for uma roupa; testá-lo no caso de um veículo. Isso implica deslocamentos múltiplos: os do vendedor, os do comprador, os da mercadoria. A escolha é mais fácil quando se pode comparar os produtos de vários vendedores: em um mercado. Este deve, portanto, se localizar em um lugar central, acessível tanto aos que têm produtos a oferecer quanto àqueles que demandam esses produtos. Ele funciona melhor se peritos independentes, capazes de certificar o peso e a qualidade dos artigos estiverem presentes.

As trocas de bens são possíveis apenas se certas condições geográficas estiverem reunidas. A regra das três unidades do teatro encontra aplicação aqui também: unidade de lugar (todos os parceiros devem estar reunidos num espaço em que o comprador pode se deslocar livremente, ver e tocar todos os produtos e falar com o vendedor); unidade de tempo (todos devem estar ali ao mesmo tempo); unidade de ação (o mercado deve se especializar numa mesma categoria de bens e funciona tanto melhor quanto maior for a homogeneidade dos artigos oferecidos).

Os meios de telecomunicação à distância atenuaram essas imposições, mas a troca implica sempre transferência de informações que devem ser tão confiáveis quanto possível: os mercados se tornaram abstratos porque as notícias circulam graças às linhas, aos cabos, aos relés hertzianos, mas seu funcionamento sempre tem um custo, e alguns estão mais bem colocados do que outros para concluir as transações no bom momento e a bom preço.

As práticas da regulação social e do poder

A construção de solidariedades efetivas no seio de numerosas populações dispersadas é sempre difícil. Surgem tensões que é necessário neutralizar, surgem conflitos que é preciso solucionar. Na ausência de qualquer instituição política, o risco de ver tanto os incidentes degenerar, bem como a guerra de todos contra todos se instalar, muitas vezes basta para fazer triunfar o bom senso e a razão: os equilíbrios de dissuasão são instaurados, mas esses são sabidamente instáveis. É mais oportuno aceitar a autoridade de uma instância superior e conferir-lhe o direito de recorrer à violência para impor sua arbitragem: o poder político dessa maneira é institucionalizado.

Em todos os lugares onde o Estado existe, as geografias vernaculares admitem a existência de uma esfera superior, que é a do poder, e um

A GEOGRAFIA AJUDA A ESTRUTURAR O ESPAÇO SOCIAL

centro de onde este emana. Os jogos de centralidade não nascem simplesmente das trocas. São ligados às funções de direção e de arbitragem atribuídas ao soberano. Este sabe que para ser obedecido é bom dividir o território que ele domina em circunscrições e instalar em cada uma delas agentes que o representem, que vigiem as ações de uns e outros, que zelem pela aplicação da lei. Muito antes que Jeremy Bentham (1791) propusesse a teoria do *Panopticon*, e que Michel Foucault (1976) a exumasse, os saberes geográficos funcionais se elaboram no domínio público para tornar possível a vigilância de todos e o exercício da soberania.

A confecção do levantamento de informações geográficas

Os governantes não demoram para se aperceber que os administradores, os governadores e os intendentes que estão a seu serviço, nas diferentes subdivisões do país, precisam dispor de informações confiáveis sobre os espaços cuja administração lhes é confiada. Para garantir sua fidelidade, é melhor evitar nomear para esses cargos personalidades da localidade, sempre envolvidas com os interesses das eminências locais; a cada dois, três ou quatro anos, é bom enviar funcionários com autoridade para novas circunscrições. Por conseguinte, exercem sua autoridade sobre territórios que eles não conhecem. Para ajudá-los a compreender esse espaço, é importante dispor de descrições (da maior precisão possível) sobre o teatro onde eles vão atuar. Os governos, dessa forma, veem com bons olhos a publicação de "quadros", "descrições", "estatísticas", monografias recheadas de números, exatamente como os *directories* sobre os quais a administração britânica se apoiava na Índia. Esses *directories* (compilações ou anuários) eram inventários preparados com uma finalidade prática. Seu conteúdo, extremamente preciso, os torna valiosos para os geógrafos que tentam reconstituir o passado.

Para governar de maneira eficaz é importante dispor de informações geográficas. O número de residências (ou a população), as produções agrícolas, o rebanho possuído – em particular no que tange aos cavalos que são requisitados em caso de guerra – as pedreiras, as minas, as estradas terrestres e sua conservação, a presença de um porto fluvial ou de um porto marítimo, tudo isso é consignado paróquia por paróquia, diocese por diocese, senhoria por senhoria, condado por condado, ducado por ducado. Assim, dispomos de listas que podemos classificar por ordem alfabética ou por região. O suporte cartográfico faz falta há tempos: não se trata ainda de sistemas georreferenciados mas de simples coleção. Isso limita a utilidade dos dados reunidos e pode conduzir a erros: quando se dividiu a Cerdagne entre a França e a Espanha, os negociadores do Tratado dos Pireneus, em 1659, trabalharam em cima de uma lista de paróquias. Llivia é uma cidade: ela figura, portanto, em outro registro que os espanhóis evidentemente evitam compartilhar: eis por que Llivia continua sendo espanhola, enclave isolado dentro da Cerdagne francesa!

Conclusão

As práticas, as habilidades e os conhecimentos indispensáveis a qualquer vida social têm componentes geográficos: aqueles que são imprescindíveis aos que viajam, transportam, comunicam. Eles dizem respeito aos itinerários, aos meios de transporte, às etapas, aos lugares de estocagem, aos pontos de encontro, aos mercados, aos meios de pagamento. Eles compreendem a habilidade, não somente daqueles que constroem as infraestruturas, mas também a arte daqueles que as utilizam.

Os componentes geográficos das práticas indispensáveis a qualquer vida social compreendem tudo aquilo que torna possível habitar a Terra e aí se instalar. Eles norteiam a escolha dos sítios favoráveis, guiam não somente o desenho das vias e redes de comunicação, mas igualmente os materiais e as formas que convêm dar aos lugares, às necessidades daqueles que ali vivem e às atividades que estes ali desenvolvem.

Assim que a vida social se amplia aparecem as tensões, o que a emergência dos sistemas políticos permitirá tratar. Acrescentam-se assim às práticas, habilidades e conhecimentos geográficos de todo mundo – ou geografias vernaculares – os saberes ligados ao exercício do poder.

Os conhecimentos das massas populares e daqueles que as dirigem são sempre marcados pelos seus próprios interesses: eles visam responder às necessidades da vida ou ao exercício do poder. Eis o que explica o quão difícil é inseri-los em um único âmbito: é daí que vem o aspecto expandido da disciplina.

A GEOGRAFIA SERVE TAMBÉM PARA SE FAZER A GUERRA

Em 1976, a publicação de Yves Lacoste, *La Géographie, ça sert d'abord à faire la guerre* (A geografia serve também para se fazer a guerra), provocou um escândalo. A tese por ele defendida era simples: a geografia clássica, aquela que se ensinava então nas escolas e nos colégios, ignorava os conflitos que dividem o mundo e as guerras que o cobrem de sangue. Ela apresentava um quadro maquiado do planeta, em vez de esclarecer as tensões que o minavam. E não é exatamente no espaço que as discórdias explodem, não é através das estratégias espaciais com que elas são desdobradas (particularmente pelas guerras) que alguns disso retiram benefício?

As práticas, as habilidades, os conhecimentos geográficos que as sociedades humanas mobilizam não servem exclusivamente para orientá-los, para permitir que dominem o meio ambiente e estruturem sua vida de relações. Eles permitem que se tire partido das articulações do relevo, da distribuição de recursos, do controle das vias de comunicação para garantir vantagens em tempo de paz, e para triunfar sobre os adversários em tempos de guerra.

Para se guerrear, é essencial conhecer e usar o meio ambiente

Qual é o conteúdo das geografias daqueles que guerreiam ou se preparam para fazê-lo? Inicialmente, e principalmente, uma análise concisa dos meios em que as operações vão ser desenvolvidas ou onde estão sendo desenvolvidas. É essencial conhecer sua disposição topográfica, as cadeias de montanhas e os colos que as atravessam, as gargantas onde bastam poucos guerreiros para defendê-la e que é impossível de ser contornada pelo alto, os cursos d'água impetuosos e profundos, os vaus que permitem atravessá-los e as pontes com as quais estão equipados, as zonas pantanosas em que as tropas são engolidas, as florestas onde se pode fazer as tropas avançarem sem ser percebidas pelos observadores, a presença dos vinhedos e dos pomares que atrapalham o avanço das unidades de cavalaria. Durante as guerras de religião, Blaise de Montluc segue de perto seu adversário protestante que se movimenta da Auvergne ao Périgord, passando pelo Quercy. Ele se prepara para atacá-lo perto de Gramat quando seus batedores lhe relatam que a região é cortada por muros de pedras secas. Montluc renuncia a passar à ação porque sua cavalaria não pode fazer carga.

Uma análise que varia com as armas empregadas e os meios de defesa que elas permitem

Os traços estudados variam conforme os armamentos disponíveis. O desdobramento dos enfrentamentos depende disso. Na Antiguidade, os persas foram os primeiros a dar à cavalaria um papel decisivo. A cultura irrigada da alfafa lhes permitiu criar, a partir do segundo milênio antes de Jesus Cristo, cavalos – no sopé das montanhas iranianas ou nos oásis do deserto, em grande quantidade e bem alimentados. Os persas montam seus cavalos em pelo: eles não os utilizam mais, como no tempo de Homero, atrelados a carros para levar os combatentes ao contato com o inimigo mas, por falta de selas, eles não têm um apoio sólido para se bater com armas brancas contra os soldados da infantaria. Eles usam arcos potentes e crivam de flechas os inimigos em torno dos quais dão voltas. A falange grega e macedônica, protegida por seus escudos juntados borda a borda, é a única infantaria capaz de lhes resistir e de os vencer. Somente mais tarde, quando o emprego da sela (vinda da Ásia central) se generaliza, é que a cavalaria se torna, por mais de um milênio, a rainha das batalhas.

A geografia aplicada dos militares reflete, assim, o perpétuo duelo da lança e do escudo, e aquilo que este implica no terreno: os obstáculos naturais ou construídos pelo homem que podem parar um ataque, o alcance dos tiros, as coberturas que escondem os combatentes.

Logística e comunicação

O desenlace dos combates não depende apenas dos efetivos em presença, de seus armamentos ou da aptidão dos generais em conceber manobras e em fazer fracassar as de seus adversários. É necessário alimentar os homens: pode-se fazê-lo localmente se o país for bastante povoado e suficientemente produtivo para os efetivos que avançam. A longo prazo, isso não acontece sem perigo, pois as pilhagens às quais a soldadesca se entrega criam um clima geral de hostilidade que favorece o adversário. Quando tal coisa é possível, é melhor fazer o gado seguir e abatê-lo na medida das necessidades, encaminhando o restante das provisões por trens com vagões do tipo plataforma. É dos trens que depende o reabastecimento em munições.

Para fazer as tropas manobrarem é preciso que se mantenha a comunicação com elas para controlar seus movimentos, modificá-los, acelerá-los ou desacelerá-los, e para exigir ações vigorosas no momento crucial. Estafetas correm de uma unidade até a outra que trocam sinais entre si; o telefone e os outros meios de telecomunicações revolucionam a situação.

Com o progresso da artilharia nos séculos XVI e XVII, se torna difícil atirar com peças pesadas ali onde não existem estradas, bem como fazê-las atravessar os cursos d'água a vau. A evolução das tropas está ligada às infraestruturas rodoviárias e às pontes. Existem pontos de passagem obrigatórios: basta fortificá-los para bloquear o progresso do inimigo. É o que os países da Europa Ocidental, começando pela Espanha e pela Holanda, começaram a fazer ao final do século XVI e no início do século XVII (Parker, 1988).

Artimanha e surpresa

Na guerra, a decisão depende muitas vezes do efeito surpresa. A inteligência do terreno não basta; é preciso acrescentar a esta aquela do inimigo, no sentido em que os ingleses falam de *Intelligence Service*. Na França se fala da informação. Agentes infiltrados ou espiões dão a conhecer os movimentos das tropas adversárias e de suas concentrações. A aviação, os satélites, e os aviões não tripulados (UAV) facilitam hoje em dia esse trabalho e fornecem uma enorme quantidade de dados dos quais é preciso se esforçar para tirar proveito em tempo real. Unidades de reconhecimento estabelecem o contato com o adversário para conhecer o traçado de suas linhas e o vigor de suas reações. Tudo é feito ao mesmo tempo para dissimular seus próprios movimentos, esconder suas concentrações de tanques, de tropas ou de artilharia, para levar o inimigo a acreditar que um setor está desguarnecido enquanto ali está a se preparar efetivamente uma ofensiva. Em 1944, Churchill utiliza todos os estratagemas para fazer crer aos alemães que o desembarque aliado terá lugar nas praias do Norte e da Picardia, enquanto na realidade são as praias da Normandia que são visadas: as divisões alemãs blindadas, mal posicionadas, intervêm demasiadamente tarde para repelir as primeiras vagas americanas, britânicas ou canadenses.

O papel da carta geográfica

Alguns exemplos ilustrarão a dimensão geográfica de toda e qualquer ação militar. Nos séculos XVII e XVIII, em que as guerras se ganham através da conquista das fortalezas que o inimigo construiu, o Exército francês faz preparar, ainda nos tempos de paz, plantas em relevo nas quais estas figuram, com seu meio ambiente, de maneira muito precisa (Corvisier, 1993). Transportadas para a frente de batalha, essas plantas permitem ao Estado-maior acompanhar o combate, o progresso nas trincheiras, o avanço das minas, facilitando a coordenação das unidades de combate no momento do assalto.

A planta em relevo foi necessária enquanto os oficiais não souberam ler as cartas geográficas. Isso acabou no século XIX. A carta regular passa então a ser levantada pelo serviço topográfico do exército e fica conhecida pelo nome de carta de Estado-maior. Isso indica claramente para qual finalidade a carta geográfica foi inicialmente destinada.

Os filmes mostraram as imensas salas de onde as operações navais e aéreas eram comandadas, durante a Segunda Guerra Mundial: numa carta geográfica vertical que representava o teatro das operações eram assinaladas as concentrações de tropas inimigas, as embarcações adversárias ou os objetivos estratégicos a serem destruídos. Dezenas de operadores faziam evoluir, com o auxílio de varas, as miniaturas de navios de combate, de porta-aviões e de aviões.

Nesse campo, e a partir do século XIX, o Estado-maior prussiano toma a dianteira em relação aos outros ao inventar o *Kriegspiel**; seus oficiais são formados dessa maneira, desde os tempos de paz, para con-

---

* N. T.: "Jogo de guerra", no original em alemão.

duzir as operações comandando e fazendo evoluir as unidades do partido azul ou do partido vermelho; eles as fazem avançar ou recuar no plano dominados pelas galerias em que esses estão instalados.

As habilidades da guerrilha

A geografia da guerra é essencialmente negócio de guerreiros, de militares, de oficiais e de generais. Ela é partilhada por todos quando o povo pega em armas: é o caso das primeiras sociedades, em que todos os homens participam das operações, e onde a perseguição aos inimigos parece muitas vezes com a caçada alimentícia. Os cidadãos das cidades-Estado da Antiguidade, na Grécia ou em Roma, são soldados. Mas há, nessas sociedades, escravos, metecos ou hilotas, que dão àqueles que gozam da plenitude dos direitos civis o tempo livre de que necessitam para serem treinados no manuseio das armas. Quando os equipamentos se tornam mais complexos e o tempo demandado para dominar seu emprego se prolonga, o poder frequentemente recorre aos profissionais, que ele remunera: as cidades mercantis italianas do final da Idade Média recrutam mercenários e apelam para os chefes de guerra profissionais, os *condottiere*, para defendê-los ou completar seus domínios.

Isso significa dizer que as classes populares se veem definitivamente despojadas do uso das armas? Não: a pequena guerra dos teóricos franceses do século XIX, a guerrilha (como a chamamos hoje) mobiliza a totalidade da população contra um invasor odiado. As armas ficam a maior parte do tempo escondidas; os homens e as mulheres se ocupam de suas atividades como de costume; os comandos são formados. Os grupos se constituem para realizar ações rápidas e brutais contra elementos isolados do exército que ocupa seu país e para massacrá-los. Esses ataques tornam as comunicações difíceis, exigem do exército regular que abra todas as vias que lhe são necessárias e que desarme as emboscadas que lhe são preparadas. As perdas infligidas por essas ações são limitadas; elas não questionam o controle que o ocupante exerce sobre uma grande parte do país durante o dia, mas reduzem esse domínio a enclaves minúsculos assim que a noite cai. O moral das tropas se esgota em ações renovadas em que o adversário se esquiva antes que se tenha podido batê-lo.

Os teóricos da guerra revolucionária fizeram grande caso dessas formas populares de ação militar durante e após a Segunda Guerra Mundial. Eles exageraram seus efeitos mas, sem dispor de uma logística complexa,

TERRA DOS HOMENS

nem dispor de armamentos modernos, grupos mal equipados puderam imobilizar por muito tempo tropas profissionais mais bem armadas e mais aguerridas: a vantagem lhes vinha do perfeito conhecimento do terreno e das populações, da cumplicidade com que eram favorecidos e de sua aptidão a escolher os lugares propícios simultaneamente para a emboscada, para a retirada e para uma dispersão rápida.

Conforme as circunstâncias e as épocas, as geografias que praticam aqueles que combatem são desenvolvidas ao mesmo tempo pelas camadas populares e pelas elites que as enquadram e que as comandam. Essas geografias têm finalidades práticas: se interessam pelo relevo, pelo clima ou pela vegetação porque a topografia condiciona as operações. Elas detalham as populações das regiões disputadas porque estas podem manter, informar, ajudar, reabastecer ou ao contrário espionar e enfraquecer os combatentes ao multiplicar escaramuças e ações terroristas.

Segunda parte
A geografia como experiência do espaço e dos lugares

Habitar

Entre os primeiros povos e nos meios populares das sociedades tradicionais, as geografias não são exclusivamente feitas de práticas e de habilidades. Elas são carregadas de experiências e de subjetividade. Viver é evoluir entre as paredes ou se encontrar ao ar livre. Viver é estar em contato com o meio ambiente em todos os sentidos: com a visão, a audição, o olfato, o tato. É se mover em um ambiente selvagem, cultivado ou urbanizado, é percebê-lo enquanto paisagem. As pessoas têm uma reação emotiva diante dos lugares em que vivem, que percorrem regularmente ou que visitam eventualmente. Alguns lhes agradam, lhes parecem agradáveis, acolhedores ou calorosos; outros os seduzem por sua beleza, pela impressão de calma e de harmonia que deles emana ou pela força das emoções que eles suscitam. Há em contrapartida paisagens quaisquer, banais, sem interesse; nós as atravessamos sem que nada chame a nossa atenção: é difícil descrevê-las ou caracterizá-las! Em outros lugares a feiura, a sujeira ou o mau cheiro provocam a repulsa no visitante. Este é às vezes tomado por um sentimento de ameaça: a insegurança parece estar onipresente, um perigo pode surgir a qualquer instante, uma agressão é sempre possível.

Os geógrafos por muito tempo negligenciaram a experiência geográfica. Eles somente descobriram seus significados nos anos 1960, depois de Yi-fu Tuan. Um dia, quando eu lhe perguntei como ele tinha passado do estudo da geomorfologia, sua primeira especialidade, aos trabalhos sobre a topofilia (o amor pelos lugares), ele me contou seu percurso pessoal. Chinês educado na Austrália, depois na Grã-Bretanha, sua carreira universitária acabou por levá-lo aos Estados Unidos e ao Canadá. Ele ali experimentou um sentimento até então desconhecido: o de uma insegurança e de uma ameaça permanentes. É ou não uma experiência geográfica fundamental?

Habitar: a casa, o apartamento, nosso canto

Os homens são seres sensíveis: o espaço onde eles evoluem não lhes parece jamais neutro. Eles moram nele: eles têm aí um domicílio, uma casa, um apartamento, ou uma tenda, um trailer rebocado (Collignon e Staszak, 2004). É aí que eles descansam, que refazem suas forças, ou que dormem. Aí reencontram sua família: seus pais, seus irmãos e suas irmãs, quando são jovens, ou suas esposas e sua progenitura mais tarde. Eles evoluem em meio a seres que conhecem bem: eles podem se mostrar dessa forma tal como são, revelar seus gostos, manifestar suas preferências, expor suas opiniões. Isso não acontece sem choques, mas é um preço que se paga de boa vontade para dispor de um nicho onde alguém se sente apreciado, onde se é muitas vezes indispensável, e onde as pessoas são aceitas pelo que elas são. É a esfera do íntimo, do privado, do familiar.

O espaço do domicílio é fundamental para o equilíbrio psicológico do indivíduo. É aí que, quando bebê, ele descobre o seio e o braço de sua mãe, começa a explorar o mundo ao tateá-lo, ao tocá-lo, ao cheirá-lo, ao pô-lo na boca, ao percorrê-lo de quatro, e depois de pé. Ele aprendeu ali o que é ser amado, cercado de carinho e de cuidados. Aqueles cuja infância se passou fora de um núcleo familiar geralmente têm cicatrizes na alma; o tempo as cura mal.

Os adultos reencontram a calma e o descanso em suas casas, após a barulheira e o cansaço do trabalho. Aí eles trocam seus sapatos pelas pantufas, os homens afrouxam as gravatas, as mulheres não se preocupam mais em manter a maquiagem e o penteado impecáveis. Quando se encontram sozinhos depois de um divórcio ou de uma viuvez, o marido ou a mulher fazem a dolorosa experiência da solidão. Já não há ninguém a quem contar seu dia, com quem compartilhar suas frustrações, falar de suas preocupações; não há mais ninguém para compreendê-los, ajudá-los, não há mais um apoio permanente, não contam mais com uma companhia que os distraia. Ter um cantinho seu vale muito mais do que estar sozinho ou do que se encontrar na rua: ali se goza de um conforto apreciável, se está abrigado da chuva, do calor ou do frio. Ali podemos nos entregar ao sono sem temermos ser agredidos ou aliviados de nossos bens.

Habitar

A reação que as pessoas experimentam em relação aos lugares em que vivem é inseparável dos seres que eles aí encontram: "um único ser te falta e tudo fica deserto!" A existência dos nômades o confirma. Eles vão e vêm ao sabor das estações, da migração da caça ou do crescimento da pastagem com que seus rebanhos se alimentam. Seu domicílio não cessa de se deslocar, mas é de fato um verdadeiro domicílio. De um lugar a outro, eles transportam – como um tapete – os nomes que lhes servem para falar de seu cotidiano: o lugar onde dormem, o local onde as mulheres cozinham, o ambiente onde fazem suas refeições, o espaço em que se isolam, o espaço em que as crianças brincam. As tendas estão sempre orientadas da mesma maneira: tudo é feito para que, de um lugar a outro, a transição seja fácil. A sensação de ser estrangeiro nunca chega a ser total: o habitar parecido, o habitar da vida familiar, dos pais, dos filhos, dos amigos, continua o mesmo.

A gente se alegra muitas vezes com as viagens modernas: para quem vai de um Hilton a outro, de um Sheraton a outro, a decoração não muda: não é necessário pensar para saber onde se apaga a luz, onde se regula o aquecimento, onde está o ar-condicionado. Nenhuma surpresa no momento da higiene: a ducha, a banheira, o lavabo embutido numa ampla pia em todos os lugares se defronta com enormes espelhos. A sensação de estranhamento só começa lá fora, uma vez ultrapassada a soleira das portas do quarto e do hotel.

Habitar: a vizinhança, os comércios, a escola, a paróquia

Habitar não significa apenas dispor de um lugar onde se resguardar da sociedade e onde viver sozinho ou em família. É também encontrar pessoas, levar uma vida social. A primeira esfera corresponde ao meio próximo, aquele dos vizinhos acessíveis nos países de habitat dispersado, das aldeias na maioria das regiões do interior, ou do quarteirão e do bairro nas cidades. Os encontros que ali se fazem são variados: amigos próximos, comerciantes, o padeiro, o açougueiro, o jornaleiro, todos estes cuja frequentação era diária antes dos supermercados (muitos ainda os visitam todos os dias). Ao acaso dos deslocamentos, as relações se entrecruzam, a gente para um instante, quando o tempo não nos apressa, a conversação começa. Ela discorre sobre o tempo que está fazendo, sobre a rapidez com que os meses desfilam, ou sobre a família, os acontecimentos esportivos, as últimas férias. Nós cumprimentamos algumas pessoas sem saber exatamente a razão, já cruzamos tantas vezes com elas que passam a integrar nosso ambiente familiar: sabemos onde moram e até sua profissão, embora raramente lhes tenhamos dirigido a palavra.

As crianças têm um mundo que lhes é próprio: eles frequentam a escola maternal ou a escola primária do bairro. Elas reencontram os coleguinhas que ali fizeram por toda parte, no dia de seu aniversário seus pais convidam todo esse mundinho para lanchar. Os conhecidos que assim são feitos deixam uma marca durável: aquela dos círculos onde todos se tratam com intimidade e continuam a fazê-lo o que quer que venha a acontecer; aquela dos grupos que partilharam experiências fortes o suficiente para que todos ali se sintam no mesmo patamar.

No mundo ocidental, tanto no mundo rural quanto nos bairros urbanos, a vizinhança próxima é também aquela da igreja ou do templo onde todo mundo se encontra no domingo, onde as crianças aprendem o catecismo, onde fazem a primeira comunhão. Para os judeus, é no sábado que o grupo frequenta a sinagoga; para os muçulmanos, é a oração da sexta-feira que reúne os fiéis na grande mesquita.

Habitar: o trabalho

Para a maioria das pessoas, habitar é também ter um trabalho. O agricultor se divide entre o estábulo, a baia, o aprisco ou as pastagens onde seus animais se encontram, os campos que, um de cada vez, ele ara, semeia e colhe; os pomares que ele protege da geada e dos quais colhe cuidadosamente as frutas da estação; o vinhedo que ele poda, limpa, asperge com sulfato, cujas uvas ele colhe para vigiar a vinificação depois no lagar; as feiras ou mercados que ele frequenta para escoar uma parte de sua produção, fazer compras, reencontrar os colegas. O habitar do lavrador o conduz a frequentar uma multiplicidade de lugares: alguns são visitados diariamente, outros ocasionalmente. Para ganhar tempo, ele localiza o mais perto possível os cultivos e os locais de trabalho que demandam cuidados mais constantes. O trabalho no campo é frequentemente dividido: a mulher ajuda o marido, o casal emprega gente paga ao jornal. Por ocasião dos deslocamentos, ou na beira dos campos, ele encontra seus vizinhos e lhes fala.

O trabalho dos comerciantes, dos empregados e dos operários é diferente. O ritmo é mais regular: este não depende mais das estações, as jornadas têm a mesma duração seja inverno, seja verão. As tarefas são mais repetitivas, os comerciantes reencontram os mesmos clientes, todos os dias e às vezes nos mesmos horários. Os empregados passam seu tempo atrás da mesma escrivaninha, só variam os assuntos que eles despacham, os telefonemas ou as mensagens instantâneas que eles enviam e recebem pela grande rede. Os operários se apressam nas mesmas máquinas, seu cargo é geralmente fixo.

Em todos esses ofícios a existência é monótona, pouco ligada ao calor ou ao frio, à neve, à chuva ou ao sol. Eles implicam muitas vezes colaborações, contatos, encontros: o padeiro tem um jovem aprendiz que trabalha com ele na batedeira e no forno; ele encontra os clientes nos momentos em que passa ao caixa. O empregado divide com seus colegas o tratamento de certos negócios. Ele depende de um chefe de escritório. O operário é membro de uma equipe, dirigida pelo contramestre. Para todas essas pessoas, a dimensão social do ambiente do trabalho é mais sensível do que para o agricultor. As pessoas gostam do escritório quando sua atmosfera é cordial; ou o detestam quando ali o ambiente é feito de mesquinharias. A decoração conta pouco.

Habitar: a familiaridade com os lugares e com as pessoas

Habitar é se inserir em um ambiente cujos aspectos físicos e os componentes sociais rapidamente se tornam familiares. A presença de todos é aí observada, apreciada, criticada eventualmente.

O indivíduo acaba, assim, por se tornar um com os lugares que frequenta constantemente e com as pessoas que ele encontra lá. Ele se funde numa comunidade, ou em comunidades inseridas umas nas outras, já que o universo próximo é feito de esferas em escalas diferentes: a comunidade familiar (mas para alguns esta é ausente), o círculo de amigos que se reúnem amiúde, a equipe de trabalho com a qual se partilha as dores mas também as alegrias, por ocasião de um chope amistoso, em torno de uma *galette des rois** ou para se despedir de um colega que está se aposentando.

Além desses, há todos os outros que são suficientemente próximos por ter o mesmo sotaque, usar as mesmas expressões, reagir da mesma forma diante dos imprevistos ou dos acontecimentos políticos: aqueles de quem antigamente dizíamos quando os encontrávamos em outros lugares distantes: "é um patrício" ou "já não me sinto sozinho, encontrei uma patrícia".

---

* N. T.: Torta típica do dia 6 de janeiro (Reis), data em que se trocam os presentes de Natal na França.

Habitar é estar bastante amalgamado com um grupo e estar inserido bem profundamente num ambiente para com ele se identificar: existe uma hierarquia, identidades individuais, identidades familiares, identidades de vizinhança ou de profissão. Elas têm em comum o fato de nascerem da experiência direta de cada um desses indivíduos. A essas comunidades primárias se opõe aquelas sobre as quais aprendemos nos bancos escolares, ao ler os jornais, ao assistir a televisão ou ao viajar: aquelas de quem Benedict Anderson (1983) diz que são imaginadas, porque são ensinadas, fabricadas pelos meios de comunicação de massa, manipuladas pelos homens políticos. Estas não têm o mesmo molde daquelas.

A diversidade do habitar

Há tantas experiências de habitar quanto variadas são as condições familiares (aqui o grupo se reduz ao casal e a seus filhos menores, ali ele reúne três ou quatro gerações), os gêneros de vida (uns são sedentários, outros são nômades), as classes (até recentemente os operários e os empregados evoluíam frequentemente em círculos mais estreitos do que aqueles dos agricultores ou dos executivos), ou de ordens (o servo era ligado à terra, o filho mais novo de uma família aristocrata não herdava nada, por isso devia tentar fortuna longe de casa ou entrar para um convento), ou de culturas. No casamento, em muitas sociedades as mulheres se instalam ali onde seus maridos vivem, em outras é o contrário. A mulher (o homem) se encontra assim arrancada do meio que conheceu inicialmente; é uma peça introduzida no grupo onde passa a viver dali por diante. Sua identidade se define mal.

Nos países desenvolvidos, as facilidades de transporte alargaram os círculos de migração cotidiana, afrouxando o laço entre o cantinho de cada um, a sua vizinhança e o seu meio profissional. Nas zonas rurais e nos países em desenvolvimento, os jovens às vezes não têm escolha, precisam se instalar numa cidade ou emigrar para países mais ricos: eles conhecem o desenraizamento.

Hoje, a televisão e o cinema ampliam os horizontes de referência da maioria das pessoas; o telefone (e particularmente o celular), a grande rede mundial de computadores (internet), e as viagens tecem novos laços. As populações se desterritorializam (seus laços próximos se afrouxam) e se reterritorializam ao se criarem novas relações, conforme modelos diferentes (Haesbaert, 2004): aqueles de quem nos sentimos próximos podem habitar eventualmente muito longe. Assim é que se fala às vezes de comunidades virtuais.

Viajar

Os homens são ao mesmo tempo sedentários e nômades: eles ficam felizes em ter um cantinho seu, mas não hesitam em deixá-lo. Alguns só se decidem a fazê-lo raramente; outros só se sentem bem na estrada.

Partir: o preço a pagar

"Viajar é morrer um pouco"! Sim, é preciso deixar para trás pais, amigos, os lugares familiares, a casa, o bar em que se reúnem os companheiros, o campo onde joga o time local de futebol. Todos esses laços nos dão segurança, confirmam nossa maneira de ser, confortam nossa identidade. Ao partirmos, eles se afrouxam ou se rompem. Ninguém mais nos reconhecerá, nem nos fará recordar as lembranças que dividiu conosco, ninguém mais nos chamará pelo nome.

A ruptura é menos brutal quando se viaja com sua esposa, sua família, alguns amigos: assim carregamos um pedaço do nosso cantinho nas bagagens! Porém, ainda assim a ruptura é sensível. A prova disso é a "saudade de casa" que se sente quando há muito tempo não se revê os horizontes familiares, os lugares que se aprecia. Os desenraizados sofrem com a saudade: sonham com o jardim onde brincavam quando crianças, com as ruas que frequentavam, a escola local, o colégio em que fizeram seus estudos, seus colegas de turma. Eles se lembram com emoção de sua primeira jura de amor e do bosque onde foi pronunciada; lugares e rostos se encontram sempre associados, misturados em suas lembranças, numa imagem que não se apaga...

Partir: uma libertação

Então por que partimos? Porque romper com nossos hábitos, nos distanciar daqueles com quem partilhamos há tempos a existência, desertar a oficina, a loja, a repartição ou a empresa onde passávamos as horas de trabalho é vivido como uma libertação. O emprego do tempo era rotineiro: havia as horas das refeições, aquelas passadas no escritório, na fábrica ou na lavoura, e o momento em que a família esperava seu retorno em casa. Sobravam períodos em que a escolha era livre, a agenda ficava em aberto? Muito poucos!

De tanto ser conhecido, apreciado, criticado, o indivíduo se encontrava preso na armadilha de seu passado, do que ele tinha sido e daquilo que se esperava dele. Difícil inovar, improvisar, mudar, se adaptar uma vez que tudo parecia já determinado! Em viagem, cada um escolhe seus horários, seleciona os locais que deseja visitar, organiza seus encontros. Ninguém nunca o viu antes: ninguém se surpreende com seus gestos e suas atitudes.

Localmente, o indivíduo fica emaranhado num feixe de relações, os papéis que ele representa lhe são designados, ele tem obrigações com seus parceiros. Agora que ele não está mais em casa, acabaram-se os vínculos! É o isolamento, mas este é mais fácil de ser suportado na medida em que a paisagem muda sem cessar. Ele é garantia de experiências inéditas, de novas possibilidades.

Para aqueles que estavam submetidos à vingança de inimigos perigosos, os que eram perseguidos pela justiça, estavam cobertos de dívidas, ou atrapalhados por amantes demasiadamente possessivas, deixar os lugares em que se viveu até então é apagar a lousa, é recomeçar do zero, é se dar a chance de construir uma vida longe de um passado penoso, longe dos lugares em que o futuro parecia sombrio e ameaçador.

Viajar: uma sucessão de provas

Viajar reserva múltiplas surpresas: encontros felizes ou desagradáveis, pessoas acolhedoras, mas também algumas pessoas sujas, batedores de carteira, crápulas. As garotas fáceis não são raras, seu sorriso encantador não deve iludir, é feito para enganar o turista inocente, o recémchegado que não conhece as regras e os hábitos do país. A viagem oferece o melhor e o pior: eis a razão pela qual se diz das viagens que elas formam a juventude. O romance picaresco emprega a viagem para confrontar o herói desarmado a mil provas imprevistas, mil ocasiões de aprender,

VIAJAR

frequentemente às suas próprias custas. *On the Road* de Jack Kerouac ressuscita esse gênero. O processo é retomado pelos cineastas em seus filmes do tipo "na estrada".

Os lugares em que se para e os lugares que se atravessa são diversificados. Nos trajetos de montanha, os precipícios que se abrem sob nossos passos são assustadores. As quedas são frequentes, às vezes mortíferas. É necessário tomar cuidado com as pequenas avalanches que precipitam pedras e pedregulhos instáveis. No inverno, as placas de neve nos fazem derrapar às vezes; elas produzem grandes avalanches que varrem tudo à sua passagem.

O mar tampouco é lugar seguro: por tempo bom, a areia fina das praias convida a repousar, a relaxar, mas no litoral rochoso, o choque incessante das ondas e o borrifo do mar que o vento transporta lembram os perigos da faixa litorânea. Longe da costa, a tempestade sucede à calmaria: a embarcação é sacudida como uma casca de noz. Há ondas tão altas que o barco não pode aguentar. As centenas de destroços de naufrágios que os mergulhadores descobrem no fundo dos mares testemunham quão arriscada é cada navegação.

Em terra, quando se caminha na planície ou nos planaltos, o trajeto reserva menos surpresas, mas a progressão se revela penosa ali onde o solo é pedregoso, arenoso ou tão argiloso que a menor chuva o transforma em lamaçal. Os pântanos e as turfas são traiçoeiras: ali se afunda mais do que seria desejado a ponto de, aí caindo, algumas vezes se desaparecer, como nas areias movediças. As etapas são longas sob chuva, vento e tempestade, ou quando sobrevém uma tormenta de neve; ou então a sede nos dilacera enquanto o sol nos queima a pele e agride nossos olhos, durante a travessia de desertos.

Os transportes modernos fazem desaparecer a maioria dos constrangimentos que outrora os viajantes conheciam: as embarcações, os trens, os automóveis, os aviões são confortáveis e seguros. As estradas de ferro, as rodovias atuais superam os obstáculos através de aterros, de túneis ou de pontes. Os perigos não desapareceram: há mortos nas estradas, e de tempos em tempos um acidente ferroviário ou um avião que cai nos recordam que a segurança nunca é inteiramente garantida. As dificuldades das viagens entretanto foram de tal forma aplanadas que não se hesita mais em visitar parentes ou amigos distantes, ou ir muito longe ao encontro de clientes e de vendedores, ou andar em peregrinação por Lurdes, Fátima ou Meca.

No passado, as provas (parte inseparável do percurso) eram muitas vezes impregnadas de valor moral: a peregrinação era tanto mais salvadora quanto fosse longínquo o destino, quanto fossem necessárias na viagem a travessia de montanhas, a passagem de gargantas, a travessia a vau de rios perigosos, ou esta implicasse no longo percurso em pistas monótonas, varridas por ventos frios ou sufocadas pelo calor. As provas enfrentadas por aquele que peregrinava até Santiago de Compostela o separavam das paixões passadas. Elas constituíam uma espécie de penitência que purificava sua alma e o auxiliava a aproveitar plenamente as graças do santuário. O retorno, que era tão longo e tão perigoso quanto a ida, completava a redenção.

Ao acelerar e ao tornar mais seguros os deslocamentos, os transportes modernos facilitaram as peregrinações: se toma o trem, o ônibus, o avião. Os equipamentos hoteleiros garantem uma hospedagem mais confortável na chegada. O valor da peregrinação foi afetado: hoje lhe faltam a dimensão de penitência e o acaso dos encontros que o trajeto a pé proporcionava. Daí o favor renovado em relação aos antigos caminhos para Santiago! Hoje muitos dos que o percorrem não estão mais animados pela fé cristã: o gosto da provação e do esforço é o suficiente para fazê-los pegar o bastão do peregrino.

A viagem: multiplicidade de motivações

Os motivos que empurram os homens a se mexer são inúmeros. As considerações econômicas são eventualmente preponderantes: é necessário encontrar um emprego, descobrir novos clientes e novos fornecedores. Raros são aqueles que viajam ainda para colocar à prova seus corpos e suas almas, em busca de purificação e de redenção. O que substituiu essas razões foi a preocupação de fortalecer seus músculos, adquirir formas harmoniosas: é a alegria de deslizar vertiginosamente sobre a neve ou surfar sobre as ondas.

Muitos invocam a necessidade de escapar do ritmo infernal da vida nas grandes metrópoles para descansar e se refazer. Eles ficam felizes de evoluir numa natureza autêntica, em meios não poluídos. Há outros que querem conhecer as maravilhas do mundo, aquelas das quais sempre ouviram falar: as cataratas espetaculares, as grutas onde os cristais de estalagmites ou estalactites multiplicam os jogos de luz, os cimos durante muito tempo inatingíveis que os jovens, por sua vez, fazem questão de subir. Muitos partem pelo prazer de seguir os passos dos homens célebres, de percorrer o meio ambiente nos quais evoluíram as vedetes

VIAJAR

do cinema ou as estrelas do cinema, de visitar os lugares onde a história se fez, onde as grandes batalhas foram ganhas ou perdidas, onde as revoluções tiveram início e se desenvolveram. A preocupação de descobrir as obras-primas do passado, os edifícios construídos pelos arquitetos célebres, os escultores e as pinturas que os grandes museus encerram, o ambiente das cidades de arte e de história testemunha a vontade de se enriquecer através do contato com as formas refinadas da cultura.

O que há de comum entre todas essas razões para se viajar? Elas respondem a uma pulsão pessoal: a necessidade que o indivíduo sente de mudar, de descobrir o novo. Elas se inscrevem em âmbitos sociais que se transformam com o tempo e se exprimem nos modelos de comportamento que as culturas refletem.

As civilizações modernas multiplicaram as razões de se mudar e de se viajar. Na retaguarda dos modelos que elas oferecem, se encontram algumas constantes: a curiosidade do desconhecido, do diferente, o apetite pelo inédito, pelo imprevisto, a procura do outro.

A viagem: mudança de modo de vida, surpresa, descoberta da alteridade e do exotismo

A viagem afrouxa os laços que normalmente cercam com firmeza os indivíduos. Ela cria um vazio, uma disponibilidade, e convida à mudança. Os limites entre os quais se encontram contidas as escolhas de cada um são momentaneamente esquecidos ou afastados. Ao fazermos abstração das categorias que se empregam comumente, torna-se mais fácil descobrir o que o meio ambiente oferece de novo.

Acontece, no entanto, de a viagem só confirmar aquele que se desloca nas suas próprias certezas: o que ele vê é ameaçador, perigoso, monótono, repetitivo. As pessoas têm costumes estranhos, elas não tratam os animais como seria de se esperar que fizessem. Os homens maltratam suas mulheres e deixam seus filhos desocupados; eles trabalham mal, são sujos e não têm palavra. A fé que antes se tinha em suas próprias instituições, em seus hábitos, nas suas crenças se encontra dessa forma reforçada.

Certas práticas, certas regras limitam aliás os contatos que se pode ter: as proibições alimentares (que temos que respeitar mesmo quando viajamos) nos impedem de partilhar o pão e o vinho dos que encontramos no caminho, de nos tornarmos seus companheiros!

Os que se deslocam se mostram comumente mais abertos. As terras não têm a cor, a textura, o odor daquelas que dão belas colheitas no seu

TERRA DOS HOMENS

país de origem, mas são férteis; os animais criados não têm a mesma pelagem nem o mesmo porte, sem que só por isso sejam destituídos de qualidades. Os artesãos não usam as mesmas ferramentas, não têm a mesma destreza manual, mas os objetos que eles fabricam têm valor. Os médicos (ou curandeiros) não prescrevem os mesmos tratamentos, não recorrem aos mesmos remédios, mas há dores que eles aliviam e doenças que eles curam.

Alguns tomam tal gosto pela sensação de estranhamento que sua motivação primeira se transforma numa busca pelo insólito, o nunca visto, tudo aquilo que questiona a visão que eles tinham da natureza e do mundo: eles foram fisgados pelo exotismo.

A caricatura do outro que nós tínhamos em nosso pensamento é substituída por uma visão mais matizada: nem tudo é perfeito naquilo que descobrimos ao viajar; certos comportamentos são chocantes porque brutais e injustos. Mas quanto mais conhecemos, mais temos a chance de descobrir aquilo que os explica: isso nos ajuda a compreendê-los. O outro não é mais aquele que vive o mundo de cabeça para baixo e ignora as regras mais elementares. É alguém que pratica uma outra maneira de habitar na Terra, de criar laços, de negociar arranjos. As escolhas que ele opera dessa forma são condenáveis? Não deveríamos nos inspirar em algumas delas? A viagem questiona nossa própria identidade, nossas próprias crenças.

O AQUI E O ALHURES, O MESMO E O OUTRO: HETEROTOPIAS

A experiência geográfica é a diversidade de lugares e de homens. O que se passa noutro lugar não se parece com o que se passa aqui. O tempo não passa da mesma forma, ali o ritmo das estações é diferente, as estiagens mais longas, o frio mais intenso, os ventos mais violentos. As pessoas não têm os mesmos reflexos, os mesmos hábitos; eles não falam a mesma língua, não praticam a mesma religião. A alteridade dos homens se acrescenta à novidade e ao exotismo dos lugares.

Transições e efeitos de soleira

As transformações que o viajante nota são muitas vezes graduais: as árvores menos altas, seu crescimento menos impressionante; as formações arbustivas substituem os bosques; os campos se tornam amarelos mais cedo no começo do verão e permanecem mais tempo avermelhados no outono. Os riachos são temporários. A seca predomina.

Para quem vai de Tumbuctu (Mali) a Abidjan (Costa do Marfim), as precipitações pluviométricas aumentam lentamente. Elas são da ordem de 300 a 400 mm ao longo do rio Niger, de 700 a 800 mm ao sul de Burkina Faso, ou na parte mediana da Costa do Marfim, de 1.200 mm em torno de Bouaké, de 2.000 mm ao longo do golfo da Guiné. A vegetação muda, mas começa a fazê-lo gradualmente: as formações continuam abertas. As margens do deserto, perto de Tumbuctu, oferecem apenas raros arbustos e tufos de grama espaçados. As plantas espinhosas e as gramíneas se multiplicam no Sahel. Na savana, irrigada com chuvas mais abundantes, dominam as grandes gramíneas. Depois, bruscamente, uma vez passado Bouaké tudo muda. Os espaços abertos que se atravessava desde a partida acabam. Entramos na floresta pluvial, cujas árvores alcançam 20 a 30 metros. Ali onde as chuvas são superiores a 1.200 mm, onde os granitos são substituídos pelos xistos, novas formações vegetais se impõem: uma soleira foi ultrapassada! Uma descontinuidade existe. A mudança era insensível: só era percebida ao compararmos o total das precipitações anuais. Essa mudança se torna de repente claríssima: o pulo.

Há soleiras de fato, em que vemos se transformar brutalmente a vegetação, o relevo, o habitat, as culturas: quando se desce de um maciço montanhoso ou de um altiplano, as pastagens dos cumes cedem lugar à mistura de pinheiros e de fagáceas dos declives mais elevados, a que se seguem as árvores caducifólias das zonas menos elevadas. A economia pastoril das regiões de grande altitude é substituída pela economia agrícola dos vales e das regiões de pequena altitude.

Para quem desce o vale do Ródano, a paisagem muda no desfiladeiro de Donzère. Os carvalhos caducifólios dão lugar aos carvalhos verdes. As oliveiras aparecem; alamedas de ciprestes protegem, do vento mistral, as culturas de hortaliças. O ar é mais puro, o horizonte é mais desimpedido. Entramos no mundo mediterrânico.

Os lugares que os homens frequentam não pertencem à mesma família. No domínio natural, o das formas de vegetação, por exemplo, os efeitos de soleira bastam para explicar essa heterogeneidade dos lugares, essa existência das *heterotopias*, para empregar o termo forjado por Michel Foucault.

A dimensão social do alhures e da alteridade: as heterotopias fracas

No domínio social, as heterotopias influenciam muito fortemente a diversidade dos lugares, mas é difícil defini-las de forma precisa. O termo cria imagem, mas ele pode ser aplicado a situações múltiplas. Qualquer espaço social é, num certo sentido, tecido por heterotopias: o público se opõe ao privado, o nosso cantinho se opõe aos lugares de trabalho, de troca ou de lazer. Essa diversidade de utilizações não basta, no entanto, para definir a heterotopia como entendida por Foucault (1968/2002).

Para funcionar, a sociedade tem às vezes a necessidade de distinguir duas ou mais famílias de espaços, que ela delimita cuidadosamente, separa do conjunto e as cerca de barreiras ou de muros. A originalidade da heterotopia depende, então, da tradução que se faz da vontade e dos projetos de certos grupos.

A institucionalização das diferenças e as divisões do espaço que disso decorrem eram mais frequentes na cidade medieval do que hoje. Em torno do ano mil da nossa era, a cidade, onde se concentravam as instituições religiosas, se opunha ao burgo, que reunia os comerciantes. Na Europa central, a aglomeração nascente atraía muitas vezes uma pluralidade de etnias; essas se reuniam durante o dia na rua dos lojistas, trabalhavam de comum acordo, ou compravam e vendiam seus produtos, mas tinham alguma dificuldade para conviver. Para evitar que as tensões degenerassem de noite, o espaço urbano era pontilhado de muros; cada grupo se fechava durante a noite num bairro onde se sentia em segurança. A fé cristã terminou por fazer os indivíduos se fundirem num mesmo conjunto, o que dissolveu as barreiras que os separavam, exceto aquelas atrás das quais eram confinados os estrangeiros ou os judeus, no gueto de Veneza por exemplo. Até recentemente, essas divisões rígidas continuavam presentes no mundo muçulmano: quando visitei Marrakech pela primeira vez, em 1948, a cidade europeia se justapunha à cidade nativa, ela mesma cortada por muros que separavam a medina (a parte árabe e berbere da cidade,) do bairro reservado, e do *mellah* judeu.

A recente evolução ressuscitou essas divisões: nos países em que a insegurança aumenta, aqueles que têm os meios se instalam em loteamentos murados, cercados de câmeras de vigilância e percorridos por patrulhas policiais durante a noite: são as *gated communities* das cidades norte-americanas, os condomínios fechados das aglomerações brasileiras.

As dimensões sociais do alhures e da alteridade: as heterotopias fortes

A distinção entre espaço banal e o espaço das heterotopias é frequentemente mais profundo. Para explicar o que entende por essa palavra, Foucault parte da utopia. Sociólogos e ensaístas sublinham ordinariamente o papel que esta desempenha (desde o século XVI) no imaginário do ocidental. Para Foucault, a utopia "designa um espaço de posição (ali onde as inter-relações se fazem) sem lugar real" (Foucault, 1968/2002). Foucault então explicita sua definição das heterotopias: estas são feitas de "lugares reais [...] que são contraposições reais; todas as posições reais [...] que se pode encontrar na cultura são ao mesmo tempo representadas, contestadas e invertidas, [são] espécies de lugares que se encontram fora de todos os lugares ainda que sejam localizáveis" (Foucault, 1968/2002).

Às áreas onde se desenrola a vida cotidiana se opõem aquelas onde se isolam os doentes contagiosos, os dementes, os delinquentes: a quarentena, o leprosário, o hospício, a prisão; o hospital, a clínica, o internato devem da mesma forma sua singularidade ao estatuto e à natureza daqueles que eles hospedam ou recebem, mas a diferença é menos marcada, o limite geralmente menos nítido. É ao estudo dessas divisões, e das técnicas de internação que estão a ele associadas, que Foucault dedica a maior parte de suas obras.

Foucault completa a lista das contraposições ligadas ao aprisionamento pela evocação dos lugares onde o alhures é representado e se torna acessível (cinemas, teatros, museus), onde os vivos convivem com os mortos (cemitérios) e onde o exotismo é controlado e integrado à sociedade: que se pense nas aldeias de férias do Club Med.

Roger Brunet propõe um conceito bastante próximo daquele da heterotopia. Ele fala de antimundo: "conjunto das atividades marginais ou ilegais, em contradição ou em simbiose com os sistemas dominantes" (Brunet, 2009: 60). Ele dá como exemplo disso a geografia do Gulag, ou a das zonas francas e outros paraísos fiscais. Ali, da mesma forma, se trata de espaços reconhecidos, julgados indispensáveis ao funcionamento de um sistema social ou de uma economia, mas onde as regras em uso em toda parte não são aplicadas.

A heterotopia máxima: a oposição do profano e do sagrado

Foram os etnólogos que primeiro chamaram atenção sobre a oposição entre o sagrado e o profano. Os católicos se benziam à passagem de um cortejo fúnebre; eles molhavam os dedos na água benta e faziam o sinal da cruz ao entrar numa igreja, ali eles guardavam o silêncio ou falavam em voz baixa. Os protestantes se mostravam igualmente reservados quando estavam reunidos no templo para orar em nome do Senhor. Esses comportamentos se impunham nas circunstâncias, eles pareciam naturais.

Foi ao fim de sua terceira viagem que James Cook recolheu o termo "tabu" nas ilhas Tonga: é a figura exótica do proibido. Após uma longa estada na Polinésia, William Ellis anota que o sentido da palavra tabu é "sagrado" e destaca que esta exprime "uma conexão com os deuses, ou uma separação com as conversas cotidianas" (apud Valade, 2006: 1153).

O AQUI E O ALHURES, O MESMO E O OUTRO

Valade resume, então: "as proibições que lhe são inerentes são obrigatórias, a menor falta à observância de uma delas acarreta a morte".

Eis o que dá ao sagrado um destaque do qual não tínhamos consciência nas sociedades ocidentais. A oposição entre o profano e o sagrado ocupa lugar cada vez mais destacado nos estudos dedicados à religião. O grande historiador sueco das religiões, Nathan Söderblom, coloca em 1913 a religião no âmago de suas análises. Otto Rudolf ecoa sua preocupação na Alemanha em 1917.

Mircea Eliade insiste sobre os aspectos espaciais dessa experiência:

> O homem toma conhecimento do sagrado porque este se *manifesta*, se mostra como algo completamente diferente do profano [...].
>
> Todo espaço sagrado implica [...] uma irrupção do sagrado que tem por efeito destacar um território do meio cósmico circundante e de torná-lo qualitativamente diferente (Eliade, 1965: 15 e 25).

A experiência do espaço é, pois, fundamentalmente, a de suas interrupções, suas rupturas, seus contrastes, sua heterogeneidade. Esta não resulta somente da multiplicidade das condições naturais ou da diversificação das atividades produtivas. Ela nasce da experiência que os homens têm dos lugares e das emoções que esta suscita. Ela opõe radicalmente as áreas profanas onde se desenrola a existência ordinária das zonas sagradas transformadas por forças profundas ou poderes superiores.

A IMAGINAÇÃO GEOGRÁFICA
E A EXPERIÊNCIA DOS OUTROS MUNDOS

Além do visível: os espaços imaginados

O olhar leva até a linha do horizonte. O mundo continua para além dela. Eis uma experiência fundamental, como destaca Jean-Marc Besse:

> [...] o horizonte exprime [...] muito mais que a existência de mundos longínquos. Esse termo tem um alcance ontológico tanto quanto epistemológico. Ele remete à parte invisível que reside em qualquer visível, a esse desdobramento do mundo que faz do real, em definitivo, um espaço inacabável, um meio aberto e que não pode ser inteiramente tematizado. O horizonte é o nome dado a essa "potência de desdobramento" do ser que se apresenta na paisagem (Besse, 2009: 53).

A experiência geográfica, nesse sentido, vai muito além do real. Os homens têm a capacidade de falar de lugares que eles nunca viram e que talvez não existam. Eles lhes atribuem propriedades que faltam aos espaços conhecidos. O imaginário que eles constroem dessa forma (e que é próprio de cada cultura) dá ao mundo uma dimensão poética, indica as regras a serem respeitadas, mostra para que direção deve tender a ação humana e confere um sentido à existência dos indivíduos e dos grupos.

O mundo que se estende para além do olhar se parece com os meios próximos e que nos são familiares? Em que difere? Como? As paisagens são mais agradáveis, o clima mais ameno, a população mais acolhedora? Os ambientes são ali mais hostis, as estações mais extremadas, os costu-

TERRA DOS HOMENS

mes mais rudes? Os homens se fazem espontaneamente essas perguntas. Porém nem sempre deram a elas as mesmas respostas. Para muitas sociedades, o universo real é aquele habitado pelo grupo, os homens que vivem além dali são diferentes. Eles não respeitam as regras da verdadeira cultura, eles não parecem totalmente humanos, eles têm todos os vícios, todos os defeitos: os ambientes nos quais eles evoluem não podem assim ser agradáveis.

Isso não os estimula a frequentá-los e a visitar as terras que aqueles habitam. Em outros casos, o vizinho é percebido de maneira positiva. Não se manifesta *a priori* hostilidade para com ele: frequentá-lo e percorrer os lugares que ele habita não é censurável. A curiosidade diante do desconhecido é assim valorizada.

(i) Os homens tentam se dotar de uma representação do que se passa além dos limites da vida habitual, quer isso excite sua curiosidade e seu desejo, quer seja objeto de reprovação porque não concordam com os valores aceitos. O mundo para além do horizonte é construído a partir das informações narradas por aqueles que lá estiveram. Estas ajudam a tomar consciência do que se é. Elas constituem frequentemente um fator-chave na construção das identidades.

(ii) As informações de que se dispõe acerca do estrangeiro são sempre fragmentárias. A mente supre as lacunas dessas fontes ao incorporar pedaços de sonho à imagem que está assim a construir, povoando as *terrae incognitae* com criaturas bizarras, homens unípedes ou ciclopes, emprestando às pessoas os comportamentos sonhados pela libido, mas que são proibidos localmente. Nesse sentido, a sexualidade toma ali formas sem rédeas. Jean-François Staszak destaca, assim, o desvio que, no mundo de língua inglesa, reveste o exotismo de erotismo. Os outros mundos dos quais os homens se cercam são marcados no ângulo do imaginário.

A Terra sem Mal dos tupis-guaranis

No Brasil, por ocasião dos primeiros contatos com os europeus, o mundo tupi-guarani estava dividido em tribos. Essas estavam permanentemente em guerra. Como ocorria muitas vezes na América pré-colombiana, os prisioneiros feitos em batalha são depois sacrificados. Não se pode imaginar vizinhança mais hostil. Nessas tribos, os curandeiros (ou pajés) desempenham um papel considerável. Eles às vezes tem a revelação de uma Terra sem Mal onde a vida é feliz, os víveres abundantes e a doença ausente. Eles arrastam suas tribos à sua procura: o grupo abandona tudo e parte ao acaso na selva amazônica, na floresta atlântica, ou no cerrado do interior (Clastres, 1975).

O exemplo dos tupis-guaranis é revelador: os mundos que a mente imagina para além do horizonte ajudam as pessoas a encontrar um sentido para suas vidas. Sua existência se desenrola em um mundo difícil. A natureza ali é avara. Perigos incessantemente espreitam aqueles que vão caçar na floresta ou pescar no mar. Uma parte da população é levada em poucas semanas por epidemias. A morte está sempre rondando em torno dos lugares em que moram e frequentemente os ataca.

O homem está desarmado em face dos desafios aos quais é confrontado em sua existência. Ele é presa de carnívoros ferozes, de serpentes de venenos terríveis. Ele pode ser tragado pelas areias movediças ou se perder na selva. Saber que existem outros países onde é possível conjurar esses perigos, outros lugares onde os homens dialogam livremente com as potestades, espíritos ou deuses que não só não lhes são hostis, mas são antes misericordiosos, dá esperança a todos e indica a cada um o que deve fazer para viver melhor em seu universo cotidiano.

A mente constrói dois tipos de geografia: uma primeira geografia fundada na observação, na experiência, na vontade de tirar da natureza o que é necessário à existência, ao desejo de se inserir em um mundo social complexo, ou na necessidade de se defender contra vizinhos belicosos. A segunda geografia responde melhor às aspirações profundas dos seres, a suas pulsões íntimas, a seus sonhos. As mentes científicas geralmente se recusam a dar atenção a esse segundo tipo de geografia: este propõe construções aparentadas ao sonho e à ausência de realidade substancial.

A construção da imanência: uma operação geográfica

Será isso assim tão certo? Os outros mundos que nascem do poder de projeção e da imaginação dos homens não estão radicalmente ausentes da realidade. Alguns falam do que está além do horizonte. Outros revelam a existência de forças ocultadas no seio do mundo real: este se acompanha, portanto, de dobras, onde residem os gênios, as ninfas, os elfos ou as deidades que animam o mundo, e de onde emanam as forças que o modelam. As realidades percebidas são aparência. O que conta não

TERRA DOS HOMENS

é visível, não é audível, normalmente não é sentido: os princípios que agem são ocultos. A mente descobre a verdade graças a uma operação intelectual que faz passar do observado àquilo que o determina: o que realmente importa é imanente; colocá-lo em evidência passa pela exploração de um alhures situado às vezes no profundo das coisas.

Nós não conheceríamos nada aquém do mundo se este não aflorasse em alguns pontos; há lugares onde as verdadeiras forças estão mais presentes que em outras partes, como nas fontes, nas águas, na mata fechada, nas montanhas, nas grutas. O aquém se manifesta ali e carrega esses sítios ou essas áreas de potência misteriosa, impressionante, às vezes ameaçadora, mas que é possível amansar através de certos rituais, de sacrifícios. Essas manifestações distinguem os espaços sagrados daqueles que continuam profanos (Eliade, 1965).

O aquém (que é o duplo do mundo) muitas vezes é interpretado como herança do mundo das origens, de um tempo em que os homens podiam conversar com os animais e as plantas tão facilmente quanto com os deuses e as forças que criaram o mundo e o dirigem. Essa realidade passada é geralmente hoje velada, mas continua presente nos lugares sagrados que se espalham pelo espaço: o mundo continua parcialmente encantado.

A outra leitura do sagrado: os pontos onde aflora a transcendência

Outras sociedades se recusam a acreditar nas forças imanentes do animismo. Elas se dotam igualmente de visões do outro mundo, mas esse não está mais escondido no fundo das coisas ou dos seres. Ele jaz no fundo da terra (é o inferno) ou para além do céu. Assim, passa-se do mundo da imanência ao mundo da transcendência (Claval, 2008). O real se encontra dessa forma desencantado: não há mais ninfas para povoar as fontes. O sagrado não desaparece só por isso. Ele está presente ali onde a Revelação teve lugar, e lá onde o Todo-Poderoso escolhe visitar os homens: no momento da missa para os católicos, quando os fiéis estão reunidos para orar em Seu nome no caso dos protestantes. O além nem sempre é divino: pode ser aquele da Ideia, como nas filosofias platonistas.

As sociedades modernas nasceram da recusa da transcendência religiosa ou metafísica. Nós as pintamos como materialistas porque voluntariamente se detiveram na esfera sensível. É compreender mal a dinâmica do pensamento humano: este se renova, nas ciências humanas, com as

A IMAGINAÇÃO GEOGRÁFICA E A EXPERIÊNCIA DOS OUTROS MUNDOS

abordagens imanentes. Ele situa a verdade do mundo social no povo unido que toma as rédeas de seu destino nas mãos e institui um contrato que fundamenta a sociedade. Ele a percebe no inconsciente que suas análises da vida econômica põem em evidência (é o inconsciente da mais-valia, isto é, da diferença entre o valor da mercadoria e o valor do trabalho que o capitalista embolsa sem que ninguém lhe dê atenção), nas profundezas da alma humana, submetida a pulsões que a sociedade obriga a recalcar, mas que correspondem à verdade do ser. Esta está presente na palavra das pessoas quando a cultura conserva suas raízes populares.

Do mundo real aos espaços que guardam sua verdadeira natureza e indicam o que deve ser

A atitude que permite construir outros mundos, além deste que é visível, é fundamental para compreender a vida dos grupos. Ela está na origem das mitologias, das religiões reveladas ou das ideologias que dão um sentido à existência dos indivíduos ou àquela das comunidades. Ela opõe a realidade contingente oferecida aos nossos olhos e um alhures que as verdadeiras forças orquestram; nós descobrimos o que deve ser; o homem se torna um ser moral.

A geografia não é um procedimento acessório na vida dos homens: ela lhes permite ao mesmo tempo se orientar no labirinto dos meios onde eles estão imersos, viver aí, e escolher o caminho correto a cada vez que estes são confrontados a um dilema, a uma situação inédita e onde o melhor partido não se impõe como óbvio.

Falando da paisagem, mas o que ele diz vale para a geografia em seu conjunto, Besse conclui:

> Pois se a paisagem é portadora de um potencial crítico em relação ao estado do mundo, é sem dúvida porque no fundo de qualquer paisagem reside algo como uma geografia utópica e um princípio de esperança [...]. Mas é sobretudo que a própria ideia do fim do mundo, da mesma forma que aquela do fim das paisagens, é uma ideia contraditória. Um mundo do qual eu posso representar tanto o começo quanto o fim é apenas um objeto para mim em torno do qual, certamente, eu posso dar a volta seja pelo olhar, seja pelo pensamento [...], mas no qual eu já não moro mais (Besse, 2009: 68-69).

Dessa forma, para dar um sentido a sua existência, os homens sonham com o que se passa além do horizonte visível e constroem outros mundos...

Terceira parte
A geografia como ciência:
a contribuição dos gregos e sua
reinterpretação na Renascença

As geografias espontâneas, aquelas que se exprimem nas práticas e na habilidade de cada ser humano ou que traduzem as reações que este experimenta diante do mundo, da harmonia das suas paisagens, da grandiosidade dos cumes cobertos de neve ou das torrentes avassaladoras, se transmitem por imitação e de forma direta, de mestre a aprendiz, oralmente. Ali onde a escrita foi introduzida, ou também ali onde o desenho pode ser inscrito em suportes duráveis, esses conhecimentos tomam a forma de textos ou mapas. As habilidades tradicionais ali são anotadas; as experiências dos lugares alimenta a poesia; as mitologias transcrevem as narrativas que falam das forças e dos seres que governam o mundo; a Revelação dá uma forma escrita à voz do Criador, do Deus supremo.

A escrita modifica as relações que os homens têm entre si: ela dá um suporte à memória e fixa o Direito. Não há mais meio, para os poderosos, de manipular alguém à sua mercê: aquele que se sente lesado se apoia na lei para peticionar em favor de sua causa. A força não é mais a única que conta; a vantagem que tinham os belos oradores não é mais decisiva; a solidez do argumento, a lógica da demonstração contam mais. A razão se emancipa. Os discursos geográficos mudam de forma. Eles se tornam científicos. No Ocidente, a transformação é efetuada em duas etapas: a primeira é grega e se inicia no século VI antes de nossa era; o impulso dado por ela é sentido muito além da Renascença e ainda não desapareceu totalmente. A segunda se inicia no século XVIII.

UMA DISCIPLINA CIENTÍFICA
QUE SE ANUNCIA NA JÔNIA

Geografias vernaculares das quais os primeiros escritos guardam vestígios

Na Grécia, Homero e Hesíodo retomam os elementos da tradição oral e lhes dão uma forma que a escrita conservou. Seus poemas nos transmitem as geografias vernaculares da época arcaica: uma descrição do mundo mediterrânico na *Odisseia* de Ulisses, uma evocação de seus povos e de suas cidades através do catálogo dos navios aqueus e dos efetivos troianos na *Ilíada*. Hesíodo descreve o quadro das práticas que têm efeito sobre a terra em *Os trabalhos e os dias* e analisa os mitos fundadores do cosmos e do mundo na *Teogonia*.

Como depoimento do que era a visão do mundo de seus ancestrais, os gregos citavam de boa vontade uma passagem da *Ilíada*: a descrição do escudo que Hefaísto tinha forjado para Aquiles. Tal deus:

> Representou a terra, o céu e o mar,
> O sol infatigável e a lua cheia,
> E todos os astros que coroam o céu...
> (*Ilíada*, XVIIII, 480-610; apud Aujac, 1993a: 18-19).

Esse deus "fez aí duas cidades muito belas..." (*Ilíada*, XVIIII, 480-610; apud Aujac, 1993a: 18-19). A primeira oferecia o espetáculo da festa, das cerimônias, da justiça: ali se zelava pelo respeito da ordem cuja essência era sagrada. A segunda cidade era atacada; a astúcia e a força iam decidir sua sorte. A evocação da campanha, "do abandono de tantos campos", "de um domínio régio", "de um vinhedo vergado ao peso de grandes cachos", falava das atividades produtora de víveres. Reconhecemos aí o universo trifuncional do qual sabemos, graças a Georges Dumézil, que está no âmago das tradições indo-europeias.

Homero condensa da seguinte forma o conjunto do mundo humano e divino:

> O escudo mostra bem o que é a imagem antiga [...]: o universo se espalha horizontalmente, sob a forma de uma terra plana, cercada de um rio circular, Oceano, sem origem nem fim porque desemboca em si mesmo; ele se ordena verticalmente em três níveis, o céu, espaço dos deuses, a terra, dividida pelos homens; e o Hades e o Tártaro, tão longe abaixo do Hades quanto o céu dista da terra, tal como mencionado por Homero, sempre na *Ilíada* (Jourdain-Annequin, correspondência pessoal).

É uma carta geográfica? Não é uma ferramenta para se orientar. Não é uma carta-instrumento, no sentido que lhe dá George Kish (1980); é uma carta-imagem "que constrói um espaço onde o homem pode se reconhecer" (Jourdain-Annequin, 1989: 32)

Uma noção que se precisa no século IV antes de nossa era

O termo "geografia" aparece muito mais tarde: foi Eratóstenes (c.284-c.192 a.C.) que o cunhou (Aujac, 1975; 2001). Sua obra evidencia o caráter científico desse novo saber: ela se beneficia da ampliação do mundo percorrido – e em grande parte dominado – pelos gregos e pelos macedônios após as conquistas de Alexandre. Ela parte de uma reflexão já elaborada sobre a redondez da Terra e sobre seu lugar no cosmos. As aberturas sobre as quais esta repousa se situam mais alto no tempo.

Pierre George destaca esse ponto:

> Mas é menos o alargamento dos horizontes conhecidos e mais a ascensão do método astronômico que fez da geografia uma verdadeira ciência. A invenção da esfericidade da terra nos círculos pitagoristas da Itália meridional, em torno do ano 500 a.C., rapidamente confirmada pela autoridade de Platão [...], constitui uma primeira etapa capital (George, *Dictionnaire de la Géographie*, Paris, puf, 1970: 203).

Pitágoras (c.570-c.480 a.C.) deixou Samos para se instalar na Itália. Essa ilha faz parte da Jônia. Foi nas cidades jônicas, particularmente em

UMA DISCIPLINA CIENTÍFICA QUE SE ANUNCIA NA JÔNIA

Mileto, que uma nova forma de pensamento grego se fortaleceu. Pitágoras está dela impregnado e a critica. A nova corrente de reflexão, inicialmente ilustrada por Tales (c.625-c.547 a.C.), se robustece com Anaximandro (c.610-c.547 a.C.) e prossegue com Heráclito (c.550-c.480 a.C.).

O papel do pensamento jônico: uma nova ordem política

O pensamento não se baseia mais sobre o mito: procura ultrapassá-lo. A novidade do procedimento traduz as realidades emergentes da cidade, da *polis*.

> Aos dois aspectos que assinalamos – prestígio da palavra, desenvolvimento das práticas públicas – um outro traço se acrescenta para caracterizar o universo espiritual da *polis*. Os que integram a cidade, tão diferentes quanto possam ser por sua origem, seu posto, sua função, aparecem de certa forma como semelhantes (Vernant, 1969: 56).

Essa transformação traduz uma mutação social profunda:

> Os que são chamados de *mesoi* não são somente os membros de uma categoria particular, situada à igual distância da penúria e da abastança. Eles representam um tipo de homem, eles encarnam novos valores cívicos [...]. Na posição mediana dentro do grupo, os *mesoi* têm por papel estabelecer uma proporção, um traço de união entre os dois partidos que separam a cidade [...] (Vernant, 1969: 82).

Vernant precisa:

> À [...] virtude do meio justo, responde a imagem de uma ordem política que impõe um equilíbrio das forças contrárias em presença, que estabelece um acordo entre elementos rivais (Vernant, 1969: 82).
>
> Esse *Nomos* que reina daí em diante, em lugar do rei, no centro da cidade [...], guarda [...] como que uma ressonância religiosa; mas ele se exprime também e sobretudo por um esforço positivo de legislação, uma tentativa racional para por fim a um conflito, equilibrar forças sociais antagônicas, ajustar atitudes humanas opostas (Vernant, 1969: 83).

Vernant qualifica de "racionalismo" político essa nova maneira de organizar a ordem social, o cosmos humano.

A *polis* se apresenta como um universo homogêneo, sem hierarquia, sem níveis, sem diferenciação. A *arché* [potência pública] não está mais concentrada em um personagem único no cimo da organização social.

Ela está repartida igualmente através de todo o domínio da vida pública, nesse espaço comum onde a cidade encontra seu centro, seu *méson*. [...] Sob a lei da *isonomia*, o mundo social toma a forma de um *cosmos* circular e centrado, onde cada cidadão, porque é semelhante a todos os demais, terá que percorrer o conjunto do circuito, ocupando e cedendo sucessivamente [...] todas as posições simétricas que compõem o espaço cívico (Vernant, 1969: 99).

A imagem da cidade e a imagem do mundo

O pensamento jônico utiliza o conceito de cidade que se elabora então para construir uma nova imagem do mundo:

> [...] pelo seu aspecto geométrico, não mais aritmético, pelo seu caráter profano, livre de qualquer religião astral, a astronomia grega se coloca de imediato em um plano diferente da ciência babilônica da qual se inspira. Os jônicos situam no espaço a ordem do cosmos [...].
>
> Essa geometrização do universo físico [...] consagra o advento de uma forma de pensamento e de um sistema explicativo sem analogia no mito. Para tomar um exemplo, Anaximandro localiza a Terra, imóvel no centro do universo. Ele enfatiza que se ela permanece em repouso nesse lugar sem necessitar de nenhum suporte é porque ela está à distância igual de todos os pontos da circunferência celeste, ela não tem nenhum motivo para ir de preferência abaixo antes que acima, para um lado de preferência que para um outro [...] a Terra não tem mais necessidade de "suporte", de "raízes" (Vernant, 1969: 120). Quando ela toma forma, em Mileto, a filosofia está enraizada nesse pensamento político do qual ela traduz as preocupações fundamentais e do qual toma emprestado, em parte, seu vocabulário (Vernant, 1969: 132).

Ele inventa, assim, uma outra maneira de convencimento, o racionalismo. Uma transição é operada do universo político ao pensamento teórico. Isso pode ser observado no procedimento de Tales:

> Certamente a nomenclatura mais apropriada para designar o novo tipo de reflexão que emerge com Tales é a de "teórica" [...].
>
> *Théoria* passa a [...] significar [...] a contemplação pela qual a mente se eleva ao tomar conhecimento das coisas celestes e dos fenômenos da natureza; a noção não pode ser mais bem aplicada que a Tales, o primeiro a promover um saber que não é somente de observação, mas que lança hipóteses sobre o inteligível [...] (Julien, 2009: 88).

UMA DISCIPLINA CIENTÍFICA QUE SE ANUNCIA NA JÔNIA

É uma nova maneira de conhecer que emerge dessa forma: "a um homem que lhe perguntara se seria melhor escolher ter nascido do que não tê-lo [...], Anaxágoras respondeu: "Sim, para contemplar (teorizar) o céu e a ordem que reina no universo inteiro" (Aristóteles, *Ética a Eudêmio*, 1216 a 11; apud Julien, 2009: 90).

Dessa maneira é nas cidades jônicas que, muito cedo, a virada em direção ao pensamento teórico e em direção a um certo tipo de racionalismo – personificado em Platão – aparece. Essa põe em destaque a geometria. Christian Jacob o destaca:

> Para esses intelectuais, o traçado das figuras geométricas é fundamental e oferece um suporte visual ao raciocínio e ao cálculo. A figura gráfica autoriza o progresso do raciocínio coletivo graças ao consenso dos interlocutores sobre as propriedades iniciais e cada etapa do cálculo. A geometria jônica é uma disciplina teórica (Jacob, 1991: 35).

Esses novos modos de pensar permitem ler de forma diferente o céu e a Terra: "O achado foi certamente o de se ter descoberto, e proclamado com Tales, que as estrelas cumpriam – acima e abaixo do horizonte – trajetórias imutáveis no céu e que elas descreviam círculos em torno de um ponto fixo, o polo" (Aujac, 1993a: 8).

A carta geográfica jônica

Nesse contexto, "Anaximandro de Mileto, discípulo de Tales, foi o primeiro a ter a audácia de desenhar a terra habitada numa tabuinha" (Agatêmero, *Introdução Geográfica* I, 1, apud Jacob, 1991: 36). Essa carta geográfica tem a forma de um cilindro ou de uma coluna de pedra. Christian Jacob continua:

> A carta geométrica de Anaximandro é indissociável de um modelo geral do mundo. Da mesma forma que Hesíodo se esforçou por situar numa mesma narrativa mítica o céu em relação à Terra, assim também Anaximandro vai situar seu segmento de coluna na esfera celeste: "A Terra está suspensa livre de qualquer pressão externa, mas imóvel porque distanciada em medida igual de todas as coisas" (Hipólito, *Refutações de todas as heresias* I, 6, fragmento XI, apud Jacob, 1991: 36).

Ao se substituir o trecho de coluna por uma esfera, uma nova concepção da orientação se impõe: a esfera celeste gira em torno de um eixo Norte-Sul, que é o da esfera terrestre. A representação que se acabou de inventar da Terra e do céu engancha os pontos cardeais na forma do globo terrestre e em sua posição no universo.

A carta de Anaximandro abre, assim, a via para uma nova aventura, a da geografia como ciência. Essa toma na Grécia uma dupla face: ela identifica os pontos na superfície da Terra, o que permite representá-la precisamente na cartografia; e destaca complexos – nós os chamaríamos de regiões – que ela trata de descrever.

As preocupações que conduzem à geografia nascem em uma época, em uma parte do mundo em que a sociedade grega está em plena mutação e se dota de novas estruturas. A reflexão sobre o homem social e a cidade, aquela sobre o universo astronômico e a outra sobre as formas da Terra se desenvolvem paralelamente e se influenciam: elas oferecem três perspectivas complementares de mundo.

"Essa ciência sublime que lê no céu a imagem da Terra"

(Ptolomeu)

Geometria da esfera e cosmografia

Na Grécia, a geometria da esfera e sua aplicação na astronomia – chamada cosmografia – progridem rapidamente nos séculos IV e III a.C. (Aujac, 1993a). Isso leva a uma melhor compreensão das ligações entre realidades celestes e terrestres, bem como facilita a passagem das intuições jônicas à geografia científica. Para os gregos, as estrelas se situam em uma esfera cujo raio é muito grande: a esfera celeste. Ela gira em torno de um eixo assinalado pela Estrela Polar.* O Sol não evolui como os outros astros: ele descreve cotidianamente um círculo, mas este se desloca de um dia para outro; sua altura acima do horizonte varia. No hemisfério boreal, ela é crescente do solstício de inverno ao solstício de verão, depois diminui até o próximo solstício de inverno. O movimento aparente do Sol descreve, em um ano, o círculo da eclíptica, inclinado de 23°26' em relação ao plano do equador celeste.

A esfera celeste está, dessa forma, marcada por círculos particulares: o grande círculo do equador, que o Sol descreve nos equinócios; e os dois círculos dos trópicos, que ele atinge nos solstícios de inverno e de verão

---

* N. T.: Polaris, da Ursa Menor, visível no hemisfério norte.

TERRA DOS HOMENS

(são os paralelos dos pontos solsticiais, situados em 23°26' de latitude Norte e Sul).

Em relação à esfera celeste, a Terra aparece apenas como um ponto. É em realidade uma esfera que se articula de acordo com os mesmos círculos que a esfera celeste. Ela comporta um grande eixo, idêntico ao da esfera celeste, que passa pelos polos. No dia do equinócio o percurso do Sol se inscreve no grande círculo perpendicular à linha dos polos e que passa pelo seu centro: é isso que define o equador terrestre. Os trópicos de Câncer e de Capricórnio correspondem aos círculos em que o Sol atinge o zênite nos solstícios de verão e de inverno. No solstício de verão boreal, por exemplo, o Sol passa na vertical de todos os lugares situados na latitude de 23°26' ao norte do equador.

O plano tangenciando a superfície da Terra, em um ponto, corta a esfera celeste conforme um grande círculo, cujas duas metades são iguais: uma é visível, a outra permanece escondida. A esfera celeste gira em torno da Terra. Esse movimento descobre, para cada ponto, uma abóbada de estrelas visíveis 24 horas por dia, enquanto no semicírculo oposto existe uma abóbada de estrelas escondidas em permanência; entre as duas se estende uma zona em que as estrelas estão alternadamente visíveis ou escondidas. Em Atenas, no limite da primeira abóbada, a gente adivinha a constelação da Coroa que mal emerge do horizonte no momento em que esta passa pelo seu ponto mais baixo. A Coroa boreal se situa a 54° do polo: está à margem do conjunto das constelações sempre visíveis a partir do 36° paralelo, o de Atenas. Todos os pontos em que a constelação da Coroa se descobre no limite do céu visível em permanência estão igualmente a 26° de latitude Norte: é uma maneira de definir a posição de um ponto por observação dos astros. A geografia se torna "essa ciência sublime que lê no céu a imagem da Terra" (Ptolomeu).

A abóbada das estrelas sempre invisíveis desde o trópico de Capricórnio define o círculo polar ártico, situado em 66°34' de latitude Norte. Da mesma forma, a abóbada dos astros sempre invisíveis desde o trópico de Câncer define o círculo polar antártico. No dia do solstício de inverno os raios do sol, às doze horas, tangenciam a superfície terrestre ao longo do círculo polar ártico: a noite reina para além. No dia do solstício de verão boreal, é a abóbada antártica que está mergulhada na noite. Os círculos polares ártico e antártico figuram nas esferas que representam a Terra da mesma forma que os trópicos.

"Essa ciência sublime que lê no céu a imagem da Terra"

Esferas armilares, climas e zonas

A construção de esferas armilares põe em evidência a inserção da esfera celeste, da qual só se constroem os círculos astronômicos (equador, trópicos, círculos polares, círculo da eclíptica), e da esfera terrestre, que figura um volume maciço sobre o qual os círculos terrestres são inscritos: esse modelo reduzido ensina os astrônomos gregos a detalhar os efeitos sobre essas esferas do movimento aparente do Sol no plano da eclíptica. Estrabão insiste na contribuição desses instrumentos:

> O leitor deste tratado não pode ser ignorante a ponto de nunca ter visto uma esfera com seus círculos, uns paralelos, outros perpendiculares aos primeiros, outros oblíquos, nem nunca ter observado a posição dos trópicos, do equador e do zodíaco ao longo do qual o Sol vai e vem em sua trajetória, ensinando a diversidade dos climas e dos ventos. Eis aquilo que, conjuntamente com a teoria dos horizontes e os círculos árticos, mais alguns rudimentos indispensáveis ao estudo das ciências, o leitor tem que ter aprendido para poder acompanhar ainda que de longe o que será dito nesta obra (Estrabão I, 1, 32).

A teoria da esfera terrestre dá conta da desigualdade da duração dos dias, variável conforme as estações; o equador, um grande círculo, é sempre cortado em duas partes iguais pelo grande círculo que delimita o que o Sol ilumina: a noite e o dia são aí sempre iguais. O grande círculo delimitado pelo que o Sol ilumina divide em partes desiguais os outros paralelos: o dia e a noite não têm a mesma duração. Eles só têm duração equivalente nos pontos que têm uma mesma inclinação (*enklina*, do verbo *klino*, "inclinar" em grego) em relação ao Sol, ou dito de outra forma, que estão na mesma latitude. O hábito é criado de dividir a Terra em "climas horários", aqueles onde o dia mais longo dura 14 horas, 15 horas, 16 horas etc. Todos os pontos do "clima" de 16 horas são beneficiados com a mesma iluminação, eles têm chances de ter temperaturas vizinhas, um mesmo clima no sentido moderno.

Por que não optar por uma divisão mais simples, em cinco zonas: duas zonas temperadas e duas zonas glaciais de um lado e de outro, mais uma zona tórrida em torno do equador? Os limites dessas zonas? Os trópicos são de saída utilizados; em direção ao Norte, é escolhido inicialmente o círculo que limita a abóbada das estrelas sempre visíveis. Se moramos cerca de 36º de latitude Norte, a zona tórrida vai até 23º26'; a zona temperada ocupa um pouco mais de 30º se estendendo até 54º e a zona glacial, daí até o polo. O fato de escolher como limite, entre a zona temperada e a zona glacial, uma latitude que varia com o ponto de observação é incômodo. O hábito de tomar como fronteira o círculo polar é formado então. É a figura clássica das cinco zonas: a zona tórrida se estende entre os trópicos; as zonas temperadas vão dos trópicos aos círculos polares; as zonas glaciais se inscrevem ao Norte e ao Sul desses últimos nos hemisférios boreal e austral respectivamente. De uma zona a outra as temperaturas mudam posto que a altura do Sol acima do horizonte não é a mesma. Para os gregos do século IV ou do século III a.C., as zonas tórridas e as zonas glaciais são inabitáveis porque ou são excessivamente quentes ou excessivamente frias: o mundo habitado, o *oikoumenê*, está situado entre os trópicos e os círculos polares.

Eratóstenes, os paralelos e os meridianos

Eudóxio de Cnido (c.405-c.355 a.C.) já expusera o essencial dos elementos da hipótese geocêntrica (Aujac, 1993a). Um século mais tarde, Eratóstenes (c.284-c.192 a.C.) explora suas consequências (Aujac, 2001). Ele dirige a biblioteca que os Ptolomeu criaram em Alexandria, o que lhe dá acesso à maior documentação então disponível. Ele é o primeiro a propor uma medição da circunferência terrestre: em Meroé no Alto Egito, o fundo de um poço é iluminado pelo Sol no solstício de verão. Ele passa na vertical do lugar, situado no trópico de Câncer. Erastóstenes mede no mesmo dia o ângulo que a direção do Sol faz com a vertical em Alexandria. Esse ângulo mede a diferença de latitude entre Meroé e Alexandria. Como a distância entre as duas cidades é estimada em 5 mil estádios, Eratóstenes deduz daí que a circunferência da Terra é de 250 mil estádios, isto é 36.500 km: o erro que ele comete é inferior a 10%!

O princípio está demonstrado: é possível localizar pontos na superfície terrestre ao se medir sua latitude e longitude. Muitos métodos são oferecidos para a latitude: (i) medir a altura do Sol às doze horas no dia do equinócio, a latitude sendo o complemento desse ângulo; (ii) medir a altura do Sol às doze horas no dia do solstício de verão, e acrescentar (ou subtrair) ao complemento desse ângulo os 23°40' que nesse dia faz o ângulo da direção do Sol com o plano do equador; (iii) observar a duração do dia no solstício; (iv) medir a altura do Sol às doze horas num dia qualquer, tomar o complemento, depois corrigi-lo ao acrescentar ou subtrair

"Essa ciência sublime que lê no céu a imagem da Terra"

o ângulo que nesse dia faz o Sol com o plano do equador (há tábuas astronômicas que o fornecem); (v) medir o ângulo que faz a Estrela Polar acima do horizonte; (vi) medir o ângulo que faz, acima do horizonte, qualquer estrela no ponto mais baixo de sua trajetória diurna e acrescentar a isso o complemento de sua latitude celeste. Na Antiguidade, por falta das tábuas, somente os três primeiros e o quinto métodos são empregados.

Para a longitude, é necessário comparar no mesmo instante as horas que são exibidas em diferentes pontos: é impossível enquanto não se dispuser de relógios capazes de conservar o tempo enquanto são deslocados entre dois lugares. Só se pode contar com a observação, em lugares diferentes, do início e do fim dos eclipses lunares ou solares. Esses são raros e faltam os meios para anotar precisamente seu início e sua duração. O método astronômico, dessa forma, é pouco útil. Os únicos dados disponíveis são as distâncias que as narrativas de viajantes fornecem: são estimativas que têm que ser submetidas ao exame crítico, é preciso "retificá-las". Eratóstenes mobiliza para esse fim as técnicas que os bibliotecários usam para definir os textos! Apesar da invenção de novos métodos astronômicos, a debilidade da medida das longitudes perdura até o século XVIII.

O conhecimento da latitude e da longitude (ainda que aproximativa) permite localizar os pontos na esfera terrestre. Mas a esfera é incômoda. É mais prático trabalhar no plano, ainda que este deforme a superfície representada. Eratóstenes escolhe a representação ortogonal: os meridianos aí são perpendiculares aos paralelos.

Para construir a carta geográfica do mundo habitado, que coincide com o mundo temperado que então os gregos conhecem, Eratóstenes escolhe um paralelo e um meridiano de referência – os de Rodes – que se encontram no centro da carta. O paralelo de referência se situa a 36º N. Das Colunas de Hércules* à extremidade oriental da Índia (que são os limites do mundo então conhecido), Eratóstenes estima a distância em 78 mil estádios, cerca de um pouco mais de um terço do comprimento desse paralelo, estimado em 200 mil estádios. Dos confins setentrionais da Cítia aos limites meridionais da Etiópia, a distância dada, medida sobre o meridiano de Rodes, é de 38 mil estádios. As terras aparecem como um retângulo alongado de Oeste a Leste e afinado em suas extremidades (como um *chlamide*, o casaco curto dos gregos), circundadas

---

* N. T.: Os promontórios que separam, na Europa e na África, o oceano Atlântico do mar Mediterrâneo.

pelo Oceano de todos os lados. É para o mundo do Mediterrâneo que essa representação é a mais perfeita.

A geografia tal como a concebe Eratóstenes é fundamentalmente geométrica: ela se baseia na ideia que a terra é esférica, propõe uma medida de sua circunferência, ensina a localizar aí os pontos por suas coordenadas. Isso permite transferi-los para um globo ou para uma carta geográfica. Eratóstenes, quando passa da esfera ao plano, está consciente das deformações ligadas ao sistema de projeção perpendicular que ele escolhe. Os dados dos quais dispõe o conduzem a propor uma imagem da terra habitada muito superior ao de seus predecessores.

Hiparco e Ptolomeu

A tradição geográfica saída da cosmografia e da geometria se desenvolve. Hiparco (século II a.C.) critica certos aspectos da obra de Eratóstenes por sua falta de rigor. Para Hiparco, "não existe posição de lugar válida senão aquela determinada pela via astronômica, não existe representação cartográfica séria senão aquela baseada num conjunto coerente de observações e construída conforme a uma projeção" (George, 1971: 203). Ele introduz a projeção cônica.

Como seus pares antes dele, Cláudio Ptolomeu (c.100-c.170) é ao mesmo tempo astrônomo (como testemunhado por sua *Síntese matemática* à qual os árabes dão o nome de *Almagesta*) e geógrafo (Aujac, 1993b). Ele retoma e sistematiza os resultados obtidos pela geografia de base astronômica e as estimativas tiradas das narrativas das viagens dos últimos cinco séculos. Ele fornece as coordenadas para oito mil pontos. Ele explica os diversos sistemas de projeção e escolhe, para representar cartograficamente o mundo habitado, a projeção cônica. Sua *Geografia* é o suporte de uma carta global e de 26 cartas regionais, um verdadeiro atlas. A posteridade de sua obra é imensa tanto no mundo islâmico quanto na Renascença.

Durante a Antiguidade, a tradição astronômica viabiliza o nascimento de uma geografia preocupada com a precisão e que dá uma imagem exata da Terra: é o maior avanço da disciplina, aquela cuja posteridade chega até nós. A associação entre o estudo dos astros e o da Terra tem consequências mais discutíveis: os grandes geógrafos antigos são geralmente astrólogos, a começar por Ptolomeu (que trata disso em seu manual *Tetrabiblos*).

OS GREGOS DESCREVEM A TERRA

A invenção da carta geográfica pelos jônicos facilita a descrição regional. As primeiras representações da superfície terrestres são toscas. Heródoto (490-425 a.C.) zomba delas, mas quando escreve as *Histórias* cerca de 450 a.C. ele "escreve suas descrições geográficas tendo essa carta geográfica [a de Anaxágoras ou a de Hecateu de Mileto] sob os olhos ou pelo menos na memória" (Jacob, 1991: 54). É isso o que faz dele o primeiro geógrafo.

A geografia regional captura complexos

Para Heródoto, nesse ponto fiel a Anaximandro, cada país se inscreve num âmbito geométrico. "A Cítia tem assim a forma de um quadrilátero: [...] quatro mil estádios numa reta ao longo do litoral e quatro mil outros estádios ao atravessarmos diretamente pelo meio das terras. Tal é a extensão do país" (Heródoto, apud Jacob, 1991: 61).

A Cítia não é mais um nome de povo cuja localização é imprecisa: é um espaço que é preciso fazer viver. A carta dá um objeto à descrição. Esta não se apresenta mais como um itinerário. O geógrafo apreende um todo cujos contornos ele captura. Se ele viaja, é pelos ares como Ícaro: a carta decola do próximo e lhe faz descobrir conjuntos.

Para os jônicos, a carta é feita da justaposição de figuras geométricas cada uma das quais encerra um país. Essa ideia passa dos jônicos a Eratóstenes, que chama de *sphragides** essas configurações. Sua "carta [...] parece como uma montagem de linhas e de figuras geométricas" (Jacob, 1991: 115-116).

---

* N. T.: Lacres ou selos.

Estrabão conhece essa tradição. No Livro II de sua *Geografia*, ele discute longamente os diferentes *sphragides* apresentados por Eratóstenes e criticados por Hiparco. Ele tem, como seus predecessores, a preocupação de delimitar os complexos na carta geográfica do mundo, mas não acredita nas soluções geométricas simples:

Um país tem limites claros sempre que for praticável defini-los através de rios, de montanhas, do mar, ou ainda por uma raça ou uma série de raças, ou ainda pelas dimensões e pela forma, lá onde for possível. Por toda parte, em lugar de uma definição geométrica, uma definição simples e global é suficiente. [...] Para a forma, basta representar o país por uma figura geométrica (a Sicília por um triângulo, por exemplo) ou por qualquer outra forma conhecida, por exemplo a Ibéria por uma pele de animal, o Peloponeso por uma folha de plátano (Estrabão II, 1, 30).

As regiões são assim definidas pelas suas formas ou pelos grupos que aí vivem. Elas são em seguida apreendidas como complexos. Assim, para a Europa:

[...] inicialmente se encontra a partir do Ocidente a Ibéria, muito semelhante à pele de um boi cuja parte formando o pescoço seria continuada pela Céltica vizinha, e seria cortada pela cadeia de montanhas chamada Pireneus que constitui um de seus lados. O país está ele mesmo cercado de água (Estrabão II, 5, 27).

No interior desses complexos, subdivisões se desenham: o espaço ibérico não é homogêneo:

A moradia se oferecem sobretudo montanhas, florestas, planícies recobertas de um solo raso sobre o qual, aliás, a água não espalha de maneira uniforme seus benefícios. O setentrião acrescenta a esses inconvenientes aquele de estar longe da circulação dos homens e das relações comerciais com o restante do país (Estrabão III, 1, 2).

A Bética oferece outras condições: nota-se ali uma "superioridade incontestável comparativamente, já que a terra é inteiramente habitada pela excelência dos produtos que ali se retiram tanto da terra quanto do mar" (Estrabão III, 1, 6).

O geógrafo entra então nos detalhes para mencionar todos os portos que pontuam um litoral, todas as cidades importantes no interior de um país, para descrever itinerários, tal como fazem os viajores.

Geografia ou corografia?

A descrição regional pode ser feita em diferentes escalas. Os gregos sabem disso e distinguem duas maneiras de proceder nessa matéria: a dos geógrafos e a dos corógrafos. Os primeiros dão conta da totalidade do mundo e os segundos, de uma área em particular:

> Seria de fato difícil que tudo fosse igualmente elucidado, ainda que o mundo habitado fosse inteirinho situado dentro de um império ou de um mesmo regime político. Ainda assim as regiões mais próximas seriam as mais bem conhecidas. São elas aliás que é legítimo descrever com maiores detalhes [...]. E, portanto, não há nada de espantoso que, entre os corógrafos, um se interesse pela Índia, outro pela Etiópia, um terceiro pela Grécia e por Roma (Estrabão I, I, 16).

A ambição do geógrafo é outra: ele se dá por objetivo a totalidade da superfície terrestre. Seu ponto de vista é global. Para consegui-lo, ele se apoia na astronomia. Ela contribui para seu trabalho enormemente:

> Todas as características desse gênero, que têm seu princípio no movimento do Sol e dos astros, como também na tendência dos corpos para o meio, nos obrigam a levantar os olhos para o céu e a considerar as aparências dos corpos celestes em cada um de nossos países: aí se constatam mudanças consideráveis de acordo com os lugares geográficos (Estrabão I, 1, 14).

O geógrafo vai, assim, muito além do corógrafo, porque ele situa os complexos uns em relação aos outros e deduz de suas coordenadas as ideias sobre suas características e particularmente aquelas sobre seu clima.

O homem e o meio

A Geografia física dos gregos é bastante curta. É comum que se cite os *Meteoros* de Aristóteles como texto prefigurando a meteorologia e a climatologia modernas. A obra não diz respeito de fato às distribuições observáveis na superfície da Terra. Sua perspectiva é vertical: ela pinta um quadro dos fenômenos que se inscrevem entre as estrelas longínquas (a esfera das fixas) e a superfície de nosso planeta: ela coloca no mesmo plano a chuva, a neve, o vento, as estrelas cadentes e os cometas.

Os médicos têm uma outra visão das relações que os homens entretêm com o meio onde vivem. Para Hipócrates, existe uma harmonia entre os humores que caracterizam o corpo humano, considerado como um microcosmo, e as condições em curso no macrocosmo: o temperamento é "fleumático quando a exposição se faz aos ventos do Sul; bilioso quando a exposição se faz aos ventos do Norte" (Staszak, 1995: 152-153).

A Medicina hipocrática relaciona o estado do corpo humano e as condições locais: os acidentes de relevo, a presença de zonas úmidas, a frequência e a direção dos ventos. Ela destaca as diferenças que resultam do regime térmico médio: da zona tórrida à zona ártica, o homem varia. O clima tal qual o definem os astrônomos tem repercussões sobre o comportamento e a saúde das populações.

Geografia e etnografia

Do que tratam essas geografias regionais? Suas descrições sublinham os acidentes notáveis do relevo, as montanhas, as águas, mas carecem de bases naturalistas – palavras e conceitos – para continuar longe nessa linha. É mais fácil evocar as produções nas quais cada parte do mundo se distingue – Estrabão age assim –, mas por falta de dados quantitativos o quadro permanece vago.

Os costumes tocam mais fundo a sensibilidade do público: a geografia regional dos gregos é ao mesmo tempo uma etnografia (Jacob, 1991). O que Heródoto nota na Cítia é a estranheza de uma sociedade fortemente hierarquizada. A vontade de oferecer aos soberanos mortos um cortejo fúnebre digno de sua posição conduz a sacrificar suas mulheres, seus servidores e seus cavalos, e a enterrá-los no meio daquilo que fosse necessário para levar no além-túmulo uma existência conveniente à sua situação social. Heródoto assinala igualmente que o povo da Cítia é de pastores, que migram como nômades quando querem mas, isso é dito de passagem, como se importasse menos do que as cerimônias que eles organizam e os rituais que pontuam suas existências. As *Histórias* nos fazem compreender, sobretudo, o funcionamento das hierarquias sociais do povo da Cítia.

A geografia mostra assim o que os outros são. Ela faz deles selvagens ou civilizados. Ao chamar a atenção sobre os bárbaros, a disciplina ajuda os gregos a construir a imagem que estes fazem de si mesmos, e explica sua curiosidade pelos povos estranhos do mundo longínquo.

A descrição regional assinala assim os lugares em que os mitos nasceram e se desenvolveram. Ela fixa dessa forma a base territorial da religião e da cultura.

A didática do centro e da periferia entre os gregos: a curiosidade etnográfica

A geografia grega apreende a totalidade do mundo habitado, o ecúmeno. O escudo de Aquiles simbolizava o espaço da humanidade inteira. As *Histórias* de Heródoto detalham todos os países conhecidos dos gregos. Eratóstenes inventa as coordenadas para fazer cartas geográficas da extensão do espaço humanizado. As informações das quais Ptolomeu dispõe são mais amplas, mas o objetivo que ele persegue não mudou.

Para os gregos, há um ligação dialética entre centro e periferia. Esta é observada em ação na *polis* (cidade) que serve de base a seu imaginário. Sua parte central, onde se encontram as terras cultivadas e a cidade, se opõe às margens, mas essas fazem parte do mesmo todo:

> Em grego, "confins" se diz *eschatia*. Esse termo designa as regiões "do fim do mundo". No território da cidade, a *eschatia* é uma zona não cultivada, invadida pelo pousio e pela natureza selvagem, espaço de caça, de pastagem e das atividades pastoris (Artemísia, Hermes, Pan...) (Jacob, 1991: 52).

Esse espaço marginal faz parte da cidade: ele é "pontuado por santuários campestres e frequentado por divindades específicas" (Jacob, 1991: 52). Impossível ignorá-lo!

A Grécia está no centro civilizado da superfície terrestre: o umbigo do mundo está situado em Delfos. Da mesma maneira que não se pode captar a cidade se esquecermos de suas zonas fronteiriças, não se pode compreender o ecúmeno se ignorarmos suas periferias: "Os confins da terra transpõem, a nível geográfico, a estranheza das margens da cidade: a *eschatia* é a zona tradicional das maravilhas, da fauna exótica, dos povos cujos costumes são estrangeiros" (Jacob, 1991: 52). Ela faz parte do universo dos homens. A sociedade grega está consciente de sua originalidade, da vantagem que lhe confere sua civilização, mas ela quer saber o que se passa fora da morada que ela encarna: ela tem consciência da unidade da humanidade, se preocupa com a diversidade de suas formas e precisa sua hierarquia.

A dialética do centro e da periferia: uma dimensão colonial e imperial

A história das representações que os gregos se fazem do mundo se lê na evolução de seus mitos, o de Héracles* em particular. A dialética do centro e da periferia está aí em curso:

---

* N. T.: "Hércules", em latim.

TERRA DOS HOMENS

O mito de Héracles [...] estende, de certa maneira, aos limites do mundo conhecido esse contraste tão frequentemente observado [...] que estrutura o espaço da cidade: às terras cultivadas da *chora* se opõe o *eschatié*, esse espaço indeciso das zonas fronteiriças, essas margens que a agricultura e a vida cívica não conquistaram inteiramente (Jourdain-Annequin, 1989: 39).

Na época da colonialismo, o mito toma uma nova significação:

A viagem de Héracles ao Ocidente, enriquecida e reinterpretada pelos colonos, tornou-se, assim, o mito de um espaço a ser conquistado [...]. O herói, pondo um termo a suas navegações ali onde começa o mar inacessível [...], marca exatamente por isso os limites ocidentais do ecúmeno [...]. É de fato uma fronteira que ele determina assim, fronteira do espaço reivindicado pela civilização e, esse espaço, ele o percorre em todos os sentidos, impregnando-o da pegada grega (Jourdain-Annequin, 1989: 38).

Seguindo o exemplo de Héracles, a Geografia faz descobrir as periferias do universo habitado. Ela faz um apelo para civilizá-los. Isso justifica sua conquista e sua colonização.

Na época de Estrabão tanto quanto na de Ptolomeu, o Império Romano ocupa a metade ocidental do mundo civilizado: os limites do que parece cultivável é ali atingido. Estrabão o entendeu: ele fala de periferias e aí "elabora a alteridade (na linha de um saber etnográfico que já era aquele de Homero e de Heródoto) como um desvio em relação à norma social e cultural: aquela da Grécia, aquela da civilização greco-romana da qual Roma se tornou campeã" (Jourdain-Annequin, 2000), mas ele insiste principalmente sobre o espaço que Roma controla. A disciplina assim se torna útil ao político: "A geografia é essencialmente orientada para as necessidades da vida política" (Estrabão I, 1, 16). "Ela se pretende [...] uma espécie de inventário útil aos conquistadores, aos administradores, àqueles que terão que administrar esses novos países na órbita de Roma" (Jourdain-Annequin, 2000).

Ambições variáveis

O que é dominante nas descrições regionais muda com o passar do tempo: instrumento de construção das identidades na Grécia clássica, instrumento a serviço da política na época de Augusto, ela ensina aos gregos dispersados ou aos romanos helenizados do século II de nossa era

Os gregos descrevem a Terra

os lugares onde a cultura grega e greco-romana se enraíza: é a isso que a reduz a *Periegese*, obra de Dionísio de Alexandria; esse poema oferece um rápido sobrevoo do mundo tal qual ele teria aparecido a Ícaro e associa, para cada região, para cada lugar, os episódios mitológicos e as lembranças históricas que o tornam notável (Jacob, 1990).

Em sua dimensão regional, a geografia antiga continua imperfeita. Por que ela é, no entanto, vitoriosa sobre a corografia? Pela sua constante preocupação em interpretar o local em função das forças que vão além deste e o determinam: aquelas que resultam da situação do globo no universo (sua dimensão astronômica), aquelas que opõem o centro civilizado do mundo habitado às suas periferias selvagens (a dimensão religiosa e cultural). A geografia trata do espaço da humanidade.

A geografia antiga continua sendo um saber das classes cultas. Ela responde a suas curiosidades; ela lhes recorda as raízes da cultura greco-romana quando estas se distanciam no tempo; em Roma, ela se põe a serviço dos poderes cuja ambição é universal.

A GEOGRAFIA DA RENASCENÇA E DA IDADE MODERNA

A Idade Média: declínio teórico e avanços empíricos

A geografia elaborada durante a Antiguidade grega não desaparece por ocasião da queda do Império Romano: a herança é preservada por Bizâncio e inunda o mundo islâmico que se enriquece singularmente. Os meios cultos da cristandade ocidental continuam professando que a Terra é uma esfera.

A imagem do mundo habitado é, no entanto, reinterpretada em função da Revelação. Os mapas medievais que representam o mundo inteiro supõem que a Terra é plana. Eles se inscrevem geralmente num círculo, um "O". Eles são atravessadas por um "T" estendido horizontalmente cujo pé representa o mar Mediterrâneo e a barra, o limite da Europa no Norte e da África no Sul. A Ásia ocupa a metade do Leste. Jerusalém está no centro da representação, o que evidencia o caráter simbólico dessas cartas geográficas, ditas "T" e "O". O que os príncipes e dignitários da Igreja esperam dos belos pergaminhos que encomendam não é uma ferramenta a fim de melhor compreender e organizar suas possessões, mas um documento para ser exibido e para glorificar seu poder. Trata-se de produzir cartas que são ícones.

Ao mesmo tempo, o conhecimento empírico do mundo se robustece: as rotas de caravana aproximam as costas do Mediterrâneo, por um lado, da Ásia central e oriental e, por outro, da África subsaariana. Marco Polo segue a rota da seda até a China que ele revela à Europa: *A Descrição do Mundo* é mais do que uma narrativa de viagem. Ao dividir o espaço em reinos e principados, ele define os espaços que caracteriza por seus povos, suas cidades, suas instituições políticas e suas produções.

A navegação árabe progride no oceano Índico. Desde os vikings, os europeus afrontam comumente os mares da Europa do Norte e o oceano Atlântico. O leme, a bússola comum, a manobra náutica que permite avançar contra o vento, facilitam a navegação. Daí para a frente é possível manter o rumo graças à bússola marítima e apreciar as distâncias percorridas graças à barquinha. A partir do século XIII os cartógrafos usam as informações trazidas pelos pilotos e capitães para desenhar portulanos cada vez mais precisos.

Em terra, os instrumentos de medição se aperfeiçoam. Desde o início da Renascença, as alidades permitem efetuar visadas precisas e definir os ângulos sobre uma prancheta. A distância entre os dois pontos que servem de base para um levantamento é obtida com a corrente do agrimensor; para localizar um outro lugar, basta que se o observe, turno a turno, desde os dois pontos de base; as direções lançadas na prancheta se sobrepõem no ponto que se deseja conhecer. Pouco a pouco o levantamento se efetua por visadas sucessivas: o processo é rápido e preciso.

A tradução de Ptolomeu e os grandes descobrimentos

A Idade Média enriquece a série de meios de orientação e de medição então disponíveis. A redescoberta da geografia grega dá uma nova dimensão a esses saberes. Esses são pensados em referência à esfera terrestre e à esfera celeste. As coordenadas de *Geografia* de Ptolomeu, traduzida* em 1406, conduzem à elaboração de globos e de planisférios, como à descoberta da perspectiva na pintura (Edgerton, 1975). Os erros de estimativa dos gregos fomentam as viagens de descobrimento: a Ásia está próxima pelo caminho do Oeste! As terras encontradas são relacionadas nas novas cartas geográficas. As informações fornecidas por Amerigo Vespucci conduzem um cartógrafo (Waldseemuller) a batizar de América o Novo Mundo, na oficina de Saint-Dié que o cônego Vautrin Lud dirige.

Os dados reportados pelos descobridores ampliam o campo da descrição regional da Terra. Como na Antiguidade, entretanto, o estado dos conhecimentos sobre a natureza não permite circunscrever com exatidão aquilo que faz a originalidade física e biológica dos novos meios. Os exploradores se apaixonam sobretudo pelos povos encontrados (Mollat, 1984).

---

* N. T.: Do árabe para o latim, por Jacopo Angeli da Scarperia.

Será que são homens? Sim, respondem os teólogos durante a controvérsia de Valladolid: como para os gregos, a humanidade é una, mas os costumes são diversos. Montaigne dedica um capítulo dos mais empolgantes de seus *Ensaios* aos "canibais". Ele renova a interrogação que já consumia Heródoto. Até que ponto os civilizados diferem dos selvagens? As descobertas geográficas conduzem os europeus a analisar de forma diferente sua própria cultura.

Alguns aspectos da geografia da Antiguidade conhecem uma renovação excepcional. É o caso do tema hipocrático das correspondências entre posição geográfica, o clima e a constituição dos homens. De Jean Bodin à Montesquieu, a influência do calor e do frio sobre os comportamentos dos homens se torna um lugar-comum: no Sul, a vivacidade, mas também a impulsividade e os regimes tirânicos; no Norte, uma certa morosidade, a ponderação e os regimes moderados.

Os geógrafos da Renascença e as periferias do mundo

Nos séculos XV e XVI, a ciência geográfica põe na ribalta dois protagonistas: o cosmógrafo (ou geógrafo) e o corógrafo. O primeiro assimilou Ptolomeu e se interessa pela totalidade do mundo. O segundo é um homem de campo, um explorador, só se preocupa com aquilo que vê. Os dois não trabalham na mesma escala:

> Um planisfério, que reduz o globo terráqueo a suas grandes linhas, não destacará os mesmos objetos que a carta parcial – corográfica ou topográfica – em que muitos lugares diferentes pululam. [...] O dourado da colheita do trigo e as pradarias salpicadas de flores fazem parte do programa [...] do corógrafo. Ao contrário, a escala reduzida do mapa-múndi se abre idealmente [...] a audaciosas antecipações estratégicas.
>
> O modelo reduzido da cosmografia – ou geografia universal – aparece como sendo propício aos sonhos do navegador bem como às especulações dos príncipes e dos diplomatas. Eles estão livres de singrar o azul do oceano, de ali definir, com a bússola náutica nas mãos, o limite das áreas de influência, ambas teóricas. O tratado delimitando astutamente dois impérios de acordo com o meridiano da "linha reta traçada a 370 léguas a Oeste dos Açores" foi concluído em 7 de julho de 1494, entre Portugal e Espanha (Lestringant, 1991: 13-4).

Como na Antiguidade, o corógrafo se dedica ao local, ao concreto, ao diferente, àquilo que o surpreende e o choca. O geógrafo (ou cosmógrafo) se interessa pelo complexo da Terra, da qual se sabe à época que é quase sempre habitável e habitada.

A cosmografia não se embaraça com os obstáculos. [...] Considerando que ela "divide o mundo de acordo com os círculos do céu" e que suas linhas mestras resultam da projeção sobre a esfera do movimento circular dos astros (ainda, é claro, dentro do sistema geocêntrico de Ptolomeu), a Cosmografia reina como soberana absoluta sobre o globo terráqueo (Lestringant, 1991: 14).

Lestringant precisa: "a terra reticular e geométrica do cosmógrafo antecipa as conquistas e 'descobrimentos' da Idade Moderna" (Lestringant, 1991: 14).

A geografia do tipo cosmografia se encontra, dessa maneira, associada aos jogos de poder, que ela antecipa e torna possíveis. Ela sugere a criação de feitorias para comércio ou de colônias para povoamento. É um instrumento do imperialismo.

A geografia da Renascença deve seus progressos ao cruzamento ocorrido entre as técnicas que facilitam as viagens, as medidas que tornam mais precisos os dados que auferem, e a ideia grega de construir a imagem da Terra a partir das observações astronômicas. A descrição da diversidade do mundo avança.

O fim do geocentrismo e as novas formas de conceber a Terra: Varenius

A geografia deixa de estar ligada, dessa maneira, à astronomia. Ela tira partido de um conhecimento dos astros que se desenvolve rapidamente. A medida astronômica das longitudes tem avanços: desde a Antiguidade, já se sabia usar os eclipses. A descoberta por Galileu dos satélites de Saturno multiplica as possibilidades de medir, mas as tábuas astronômicas que permitem fazer os cálculos só se tornam disponíveis na segunda metade do século XVII. Apesar dos progressos pouco a pouco concretizados, a determinação astronômica das coordenadas continua sendo uma operação pesada.

A mutação essencial vem de outra parte, de Copérnico: a hipótese geocêntrica desmorona. A Terra não está mais no centro do universo. O primeiro a tirar todas as consequências dessa maneira de conceber a geografia é um alemão instalado na Holanda, Bernardo Varenius (1621 ou 1622-1650). Ele escreve:

> Assim, os corpos celestes não estão isentos de mudanças, como demonstraram as observações de nosso século e do século passado, e até o presente nada veio provar com argumentos incontestáveis que a Terra ocupe o centro do céu (Varenius, "Epístola", em *Geografia Geral*, 1650, apud Capel, 1974: 88).

A GEOGRAFIA DA RENASCENÇA E DA IDADE MODERNA

Os grandes descobrimentos e a circum-navegação mostram que o ecúmeno se estende tanto ao Velho quanto ao Novo Mundo e inclui a zona tórrida e uma parte da zona glacial; eles trazem a prova da redondez de nosso planeta. A esfera que este constitui merece ser estudada em seu conjunto: é o objetivo da geografia geral. "Na parte absoluta [desta] examinaremos a própria massa da Terra, suas partes e propriedades, como a forma, o tamanho, o movimento, as partes emersas, os rios etc." (Varenius, "Epístola", em *Geografia Geral*, 1650, apud Capel, 1974: 135). Varenius se interessa pelo perímetro da Terra e dos paralelos. Ele determina o volume do planeta. Ele se dedica às partes sólidas e líquidas de sua superfície, bem como à sua atmosfera. Ele define dessa forma o âmbito de uma verdadeira geografia física.

A "parte absoluta" da *Geografia Geral* é completada por uma "parte relativa" que considera "as propriedades e os acidentes da Terra devidos a causas celestes" (Varenius, "Epístola", em *Geografia Geral*, 1650, apud Capel, 1974: 135). Varenius enumera as realidades que dependem do movimento aparente do Sol e dos astros: a altura do polo, a distância de um lugar ao Equador e daí ao polo; a duração do dia mais longo e mais curto no ano; o clima e a zona; o calor, o frio, as estações do ano, bem como a chuva, a neve, os ventos e outros meteoros. Ele inclui aí a inclinação do movimento diurno das estrelas acima do horizonte de cada lugar.

A revolução copernicana não questiona o dispositivo zonal imaginado pelos gregos e os ensinos essenciais de sua geografia: a esfera terrestre segue sendo caracterizada pelos círculos notáveis que são o equador, os trópicos e os círculos polares. Cada ponto é localizado através de sua latitude e de sua longitude. A ligação entre o que acontece na superfície da Terra e o universo não é, entretanto, concebida da mesma maneira. A esfera celeste é apenas um quadro de referência que permite que nos orientemos e nos localizemos. Varenius refuta qualquer relação que os astrólogos estabelecem entre o que ocorre na Terra e a posição dos astros.

Georges Gusdorf mostra o alcance das mudanças assim realizadas:

> A geografia moderna data da revolução mecanicista, [que] permite à geografia se emancipar da cosmologia. A Terra é um sistema de inteligibilidade autônoma ainda que pertencente ao mundo através do sistema solar (Gusdorf, 1969).

O que se observa na superfície da Terra resulta da forma de nosso planeta e sua dupla mobilidade: gira diariamente em torno de si mesmo e anualmente, em torno do Sol. Muitos dos fenômenos observados são

Terra dos homens

ligados a esses movimentos: a altura do Sol acima do horizonte, a insolação e o calor recebidos em cada ponto. De um lugar a outro, as variações são relacionadas às diferenças de latitude. Elas resultam também da disposição dos continentes e dos oceanos. A posição dos lugares na Terra se reflete em suas características: os fenômenos aí observados encontram explicação em uma causa comum (a rotação da Terra) e nas relações que estes entretêm entre si. São fenômenos conexos.

Geografia humana e geografia aplicada

A *Geografia* de Varenius comporta outras facetas. Ele sabe quanto a descrição regional pode ser árida: ele fala dos "leitores que, em sua maioria, se tornam sonolentos à simples enumeração e descrição das regiões" (Varenius, capítulo 2, em *Geografia geral*, 1650, apud Capel, 1974: 134). Como remediar a isso senão acrescentando às descrições "informações sobre os povos que as habitam" (Varenius, capítulo 2, em *Geografia Geral*, 1650, apud Capel, 1974: 134)? A obra que ele dedica à *Descriptio Regni Japoniae* (1649) insiste mais nos costumes e na religião dos japoneses que sobre suas instituições políticas, sobre seu modo de vida ou a distribuição de sua população.

Mais interessante é a última parte da *Geografia Geral*. Varenius trata ali das aplicações da disciplina. Ela dá à arte de navegar uma base científica e permite escolher o rumo a ser seguido para unir dois pontos quaisquer na superfície da Terra.

Na medida em que a geografia da Antiguidade fazia o ecúmeno ser conhecido em sua totalidade, ela era útil a quem desejasse estabelecer um poder universal. Estrabão escrevia para melhor fundamentar o domínio do Império Romano. As ambições de Varenius são semelhantes: por oposição à corografia ou à topografia – que se interessam apenas pelas regiões e lugares – a geografia que ele propõe fala da Terra inteira e fornece os meios de percorrê-la. A epístola que abre a *Geografia Geral* é endereçada aos "magníficos notáveis, muito distintos e muito prudentes homens de valor" que dirigem a cidade de Amsterdã. Não estamos mais no tempo de Augusto. A primeira globalização foi feita por mar: em 1650, esta é controlada de Amsterdã, cujas companhias das Índias são ativas na América, no oceano Índico e no Extremo Oriente. A nova forma que toma a geografia científica se associa ao exercício de uma dominação econômica cuja vocação é universal.

QUARTA PARTE
A GEOGRAFIA COMO CIÊNCIA:
A GEOGRAFIA MODERNA E SUAS MUTAÇÕES

No século XVII, o geógrafo é um personagem reconhecido. A palavra suplanta a de cosmógrafo e designa "aquele que desenha cartas geográficas e, eventualmente, as comenta, mais do que aquele que descreve a terra com discursos. Os cartógrafos – Nicolas de Nicolaï, Sanson, Duval, Delisle, Buache i.a. – são qualificados de geógrafos do rei" (de Dainville, 1964: IX).

Assim concebida, a geografia é uma arte útil: ela faz parte da bagagem do homem culto. O oficial deve saber levantar plantas e lê-las, o marinheiro, desenhar as linhas do litoral e usar as cartas que seus predecessores fizeram dessas áreas. A geografia é ensinada nos colégios católicos ou nas academias protestantes.

A geografia como nós a entendemos existe, mas se desenvolve à margem da cartografia. Para interessar os alunos de seus colégios, os jesuítas tiram partido das cartas que os missionários enviam ao Padre Geral dessa ordem monástica, e que são publicadas nas *Cartas Edificantes* (de Dainville, 1940). Eles tornam, dessa forma, vívidas as descrições dos países distantes.

Os progressos da disciplina são constantes: as viagens abrem novas áreas à curiosidade, ao comércio e à avidez dos europeus. A cartografia se torna cada dia mais exata. Os procedimentos empregados para medir as coordenadas geográficas são afinados. Os dados relativos aos lugares se multiplicam quando os príncipes descobrem o interesse da estatística, que é, à época, a arte de descrever com cifras os Estados.

Paradoxo: esses progressos questionam a disciplina cujo estatuto deveriam consolidar. O século XVIII inicia um novo ciclo na construção científica da geografia. Ele dura mais de dois séculos. Nós estamos começando a sair dele.

A GRANDE BIFURCAÇÃO DO SÉCULO XVIII

No século XVIII, os sucessos que a cartografia conhece faz com que ela se destaque do resto da disciplina. Esta atravessa então uma espécie de crise: é preciso reinventá-la (Godlewska, 1999). Isso é tanto mais urgente que a sociedade ocidental conhece nessa época uma mutação que faz lembrar aquela que afetou a Grécia no século VI a.C. no momento em que a cidade se substituía aos âmbitos políticos arcaicos e em que se impunham novas formas de pensamento.

Para o Absolutismo, os soberanos recebiam de Deus o poder que eles exerciam: era a garantia de sua autoridade. Hobbes e, mais tarde, Locke questionaram essa maneira de pensar: os indivíduos são autônomos, o contrato que eles fazem entre si institui a sociedade e legitima aqueles que a dirigem. A filosofia, que inflama o século XVIII, explicita essa nova forma de ver o poder. Como na Jônia, a reflexão sobre as instituições políticas conduz a questionar o espaço: a geografia interessa aos filósofos Montesquieu, Rousseau, Turgot, e particularmente a Kant. É simultaneamente para eles e para os geógrafos que convém nos voltarmos para compreender as transformações em curso.

A cartografia, tornada científica, se destaca da geografia

A cartografia constitui o coração da disciplina. Esta se baseia na colaboração: (1) de astrônomos que determinam as latitudes (operação simples) e as longitudes (a operação é pesada e implica observações minuciosas e cálculos complexos); (2) de navegadores e de exploradores que

TERRA DOS HOMENS

anotem em seus diários de bordo a latitude de suas observações, a direção de sua trajetória e a distância percorrida a cada dia; (3) de topógrafos, ditos geógrafos, que efetuam – pela triangulação – levantamento quer no litoral quer em terra; (4) eruditos que tirem das narrativas de viagem uma estimativa crítica das distâncias. Desde Eratóstenes, a qualidade dos resultados depende do elo mais fraco, este último.

Os métodos de medida astronômica das longitudes se diversificam e aqueles que são capazes de empregá-los se multiplicam. John Harrison aperfeiçoou – é o progresso essencial – o cronômetro de marinha entre 1735 (data de seu primeiro modelo) e 1762 (em que seu segundo modelo foi testado com sucesso). As longitudes são daí para a frente tão fáceis de medir quanto as latitudes: basta ler a hora de um cronômetro acertado pelo meridiano de origem quando o Sol está no zênite do lugar em que nos encontramos; esse instante é capturado com a ajuda de um sextante.

Para fazer a carta geográfica, a posição de alguns pontos é medida astronomicamente; as extensões intermediárias são levantadas por triangulação. Na França, Dominique Cassini inicia em 1686 a determinação astronômica de pontos-chave e a triangulação da totalidade do reino. O empreendimento, continuado por seu filho, é concluído em 1754. Sobre essa base, seu neto César François Cassini de Thury dirige o levantamento de uma carta regular na escala de 1/84.600º – a primeira a cobrir a totalidade de um grande Estado* – e esta operação vai de 1757 a 1789 (Pelletier, 1990).

Os engenheiros geógrafos continuam por um tempo sendo polivalentes: eles o demonstram durante a expedição ao Egito, onde por falta de tempo eles combinam levantamentos precisos e estimativas à moda antiga (Godlewska, 1988). Essa fase de transição acaba rapidamente. A carta na escala de 1/80.000º – dita de Estado-maior – é levantada a partir de 1818 por puros técnicos da triangulação e do levantamento topográfico.

Geografia e exploração

O que sobra para o geógrafo, agora que ele não participa mais da confecção de cartas geográficas básicas? A disciplina perdeu seu suporte institucional!

Os Estados multiplicam as expedições científicas: as do capitão Cook na Grã-Bretanha, a de Bougainville, bem como a de La Pérouse,

---

* N. T.: Referência à França.

A GRANDE BIFURCAÇÃO DO SÉCULO XVIII

na França são justamente célebres. Os geógrafos estimulam essas expedições, colecionam seus resultados, garantem a publicação destes e sua difusão. É o objetivo essencial das Sociedades de Geografia, como por exemplo aquela de Paris, criada em 1821.

Os geógrafos gostariam de participar diretamente da descoberta dos novos espaços marítimos ou continentais, mas os governos preferem embarcar, nos navios que eles armam, engenheiros hidrógrafos ou topógrafos, bem como naturalistas. A única exceção, e de peso, foi Alexandre von Humboldt (1769-1859)! Sobre Humboldt, ver Boting (1973); Minguet (1968). Este alemão faz progredir de maneira decisiva o conhecimento de uma parte da América hispânica. A qualidade do resultado que ele obtém vem da multiplicidade de suas competências: ele é topógrafo, geólogo, especialista de magnetismo terrestre e da física do globo, botânico, zoólogo, estatístico (no sentido do século XVIII), etnólogo e historiador. Ele não foi enviado em missão por um Estado: sua fortuna lhe permite financiar sua viagem, depois a publicação de seus resultados. Esta lhe toma 25 anos e o arruína. A geografia encontra em Humboldt seu herói, mas raros são aqueles que, à maneira de Friedrich von Richthofen na Alemanha, têm as capacidades e os meios para imitá-lo.

Para muitos, a história da geografia se confunde daí em diante com o progresso da exploração do mundo realizada pelos ocidentais. Esta tem uma vertente científica (cartografia e inventário naturalista); ela torna possível a expansão imperialista.

O triunfo da razão naturalista e o nascimento da geografia física

A razão mecanicista alia observação, experiência e cálculo matemático. Ela triunfa no século XVIII com a física newtoniana. Uma outra forma de pensamento científico se desenvolve paralelamente, fundada sobre a observação e a classificação: é a razão naturalista. Ela revoluciona o conhecimento que se tinha dos minerais, das rochas, das plantas, dos animais. Lineu inventa uma nomenclatura que cobre todas as formas de vida. Os gabinetes de história natural conservam em seus herbários e em suas coleções um referente de todas as espécies recenseadas. A arte da descrição sai disso transformada (Bernardin de Saint-Pierre, 1773). Agora se sabe dar às coisas e aos seres nomes precisos e apreendê-los por suas formas.

TERRA DOS HOMENS

A razão naturalista não se contenta em classificar: ela compreende os processos: a história da Terra não pode se inscrever dentro dos limites temporais da narrativa bíblica. No final do século XVII e baseado nos textos sagrados, James Usher data de 4004 a.C. a criação do céu e da Terra! A evolução dos vulcões, que se vê em ação, amplia grandemente esse tempo. A disposição dos sedimentos, seu soerguimento, seu dobramento e sua erosão – dos quais Hutton e Playfair se fazem os teóricos – são ainda muito mais lentos. A geomorfologia, que eles fundam, é inseparável desse alargamento das escalas temporais (Baulig, 1950).

Além da descrição das formas, que ela torna precisa, e da apreensão do tempo, que ela prolonga, a razão naturalista conduz à formulação da ideia de meio. A geografia botânica, fundada por Humboldt, faz a cartografia das formações vegetais – a floresta boreal de coníferas, a floresta temperada de caducifólios, a pradaria, a estepe, a savana, a floresta pluvial, entre outras – que traduzem a prevalência das condições, em função da latitude e da altitude, aqui favoráveis à floresta densa, ali às formações herbáceas ou às plantas espaçadas dos desertos (Humboldt, 1805).

O procedimento dos naturalistas precisa também os movimentos que afetam a atmosfera e os oceanos: como Humboldt demonstra, a dissimetria climática dos continentes nas latitudes medianas se explica pela predominância dos ventos de Oeste. O vento de Leste das latitudes tropicais estão na origem das correntes marinhas frias que costeiam suas fachadas ocidentais. Agassiz revela o papel das glaciações na formação das regiões frias e montanhosas (Agassiz, 1837).

A geografia física, que se afirma ao longo de todo o século XIX, nasce da afirmação da razão naturalista. Não é possível aplicar aos fatos sociais a mesma grade de leitura que àquela aplicada às realidades físicas ou vivas? A natureza não desenha as formas nas quais a ação dos homens se molda? É daí que sai, ao final do século XVIII, a ideia de região natural (Giraud-Soulavie, 1780-1784; Gallois, 1908).

Das diversas maneiras de pensar o mundo social

A razão se adapta também às realidades humanas e sociais. Ela hesita entre vários procedimentos. (1) O que Hobbes imagina é simples: o indivíduo é a realidade primeira. Para sair da guerra de todos contra todos que caracteriza o estado natural, os homens assinam um pacto e instituem a sociedade. Os fundamentos do utilitarismo, que reduz o homem

A GRANDE BIFURCAÇÃO DO SÉCULO XVIII

a seus interesses materiais, encontram-se assim colocados. A sociedade resulta de um ato de engenharia social. Se os princípios sobre os quais ela se baseia forem escolhidos judiciosamente, ela funciona harmoniosamente. Imperfeições e injustiças proveem do desrespeito às regras que uma escolha racional tinha imposto e que foram esquecidas. Cabe ao Iluminismo restaurá-las ou reconstruí-las!

No campo das instituições políticas cabe aos juristas e aos constitucionalistas criar uma arquitetura equilibrada de poderes, à maneira de Montesquieu. Em matéria econômica, que cada um siga seu interesse! O jogo dos mercados conduz então ao melhor equilíbrio possível! Assim se constrói, a partir de Adam Smith, a economia política. Se os atores sociais são racionais, sua escolha não reflete seu passado. Essas abordagens do social ignoram a história. Dessa perspectiva, a geografia se constrói voluntariamente, como o mostra Thomas Jefferson, que impõe a todo o espaço americano um quadriculado uniforme (Johnson, 1976).

(2) A corrente racionalista e utilitarista domina na Grã-Bretanha. Na França, ela é muito presente entre os filósofos. Rousseau se afasta disso: para ele, o homem não é unicamente razão, sua dignidade vem de sua sensibilidade. O homem de seu natural vivia na inocência; a sociedade o civilizou, mas a propriedade, foi ele que a inventou e ela o perverteu (Rousseau, 1754). O homem deve viver de novo se acordo com seu coração; isso implica uma refundação das instituições. O contrato social a realizará (Rousseau, 1762a). Reformar as instituições políticas não basta: é necessário devolver o homem a si mesmo graças à educação; a escola iniciará as crianças à natureza e aos outros (Rousseau, 1762b).

Na nova escola, criada por Pestalozzi – um discípulo de Rousseau – o estudo do meio, as lições das coisas, as excursões, os herbários e a observação da diversidade das práticas e habilidade desempenham um papel essencial: pode-se sonhar com uma pedagogia mais esclarecida da geografia? Carl Ritter e Elisée Reclus, que com cinquenta anos de intervalo ocupam um lugar eminente na renovação da geografia, são oriundos de escolas pestalozzianas.

Para Rousseau (1754), as "viagens filosóficas" revelam sociedades que escaparam ao progresso e mostram como o homem perdeu sua inocência: mais uma razão para cultivar a disciplina!

A leitura de Rousseau faz Kant sair de seu sono dogmático. A geografia é a matéria que este mais frequentemente ensinou! Ele lhe reserva, com a história, um lugar à parte na sua reflexão sobre a ciência: ela

TERRA DOS HOMENS

mostra como os fenômenos são compostos conforme os lugares onde se desenrolam, enquanto as ciências temáticas os apreendem em sua lógica. Ao descrever a Terra na sua diversidade, a geografia revela os problemas que as abordagens sistemáticas ignoram (May, 1970).

(3) Herder segue os cursos de Kant em Kœnigsberg, depois se afasta de seu mestre. Ele acredita no progresso, mas não o concebe de maneira linear. Para ele, o motor da história não é o indivíduo, mas o povo: uma longa evolução o modelou. Ele se exprime por uma língua e uma cultura e carrega a marca do ambiente onde reside e do qual ele tira partido. O pensamento alemão – e a Geografia – lhe devem muito (Herder, 1774; 1784-1791).

Quatro pistas abertas para a construção de uma geografia do homem

O naturalismo lança as bases de uma geografia do mundo físico e da natureza viva. Como abordar as realidades humanas? Aplicando-lhes os mesmos princípios explicativos que aqueles do mundo natural? Destacando o caráter voluntário, construído, das distribuições observadas? Considerando a complexidade da natureza humana e da sociedade, bem como o peso da história? Fazendo do povo o motor da história? Os geógrafos hesitam: é preciso mais de um século, e o aprofundamento da reflexão que o evolucionismo impõe, para que se elabore um procedimento satisfatório.

Esse longo período de ensaios hesitantes não foi em vão para a Geografia: ele lhe permite se dotar de novas bases institucionais e de se beneficiar da coleta sistemática de informações que os Estados implantam.

Os novos espaços do econômico e do político

A unificação do mundo pela Europa começa com os grandes descobrimentos. Ela se acelera no final do século XVIII: todos os espaços oceânicos foram daí por diante percorridos, em particular os do Pacífico. Os progressos da navegação e da construção naval fazem o frete ficar mais barato. Os primeiros navios carregados de grão entregam as colheitas americanas na França no momento do Diretório e salvam Paris da fome.

Vontade do povo e implantação do Estado-nação

O mundo se transforma. Na América, a independência dos Estados Unidos, e mais tarde a das colônias espanhola e portuguesa, criam Estados que reivindicam os mesmos princípios que então triunfam no Noroeste da Europa: princípios nascidos da vontade do povo. Este se une por ocasião do contrato passado entre os cidadãos – como nos Estados Unidos ou na França –, é o significado da festa da Federação em 14 de julho de 1790. Ele também pode ter saído de uma tradição, de uma língua e (muitas vezes) de uma religião partilhada. É a ideia que se impõe na Europa central, a partir de Herder.

O Estado deixa de ser uma construção arbitrariamente imposta pelo poder a populações que o servem, mas às quais ele não deve nada. Num regime democrático, o governo aparece como legítimo aos olhos de todos; o cidadão tem direitos, é livre em suas opiniões, em seus movimentos, em suas atividades. Os eleitores controlam o Legislativo e o Executivo: esses devem garantir a felicidade de todos e o desenvolvimento da coletividade! A nova sociedade acredita no progresso da humanidade. Este se efetua no âmbito das nações: cada um participa do desenvolvimento global, mas de acordo com suas próprias vias, e em função do programa fixado pelas instituições do país.

As pessoas que residem nos limites de um Estado somente podem exercer seus direitos e deveres de cidadão se tiverem consciência de pertencer a uma mesma coletividade. Para grupos que contam às vezes dezenas ou centenas de milhões de habitantes e vivem em espaços que cobrem centenas de milhares, senão milhões, de quilômetros quadrados, os sentimentos de pertencimento não se formam espontaneamente. Benedict Anderson (1983) fala a esse respeito de identidades imaginadas. Em todo o espaço que administram, os Estados asseguram a difusão de traços que os ensaístas, os historiadores e os geógrafos atribuem ao país.

Com a autonomização da cartografia, a geografia tinha perdido a base institucional que a tinha feito prosperar na Idade Moderna. O crescimento do Estado-nação lhe forneceu um novo alicerce: a geografia deve ser ensinada a todos.

A competição econômica na cena mundial

A sociedade que o Estado-nação consagra é muito mais coerente do que aquelas do Antigo Regime. Sua economia é entretanto aberta para o exterior: a dupla revolução da indústria e dos transportes é a causa.

Ao final dos séculos xv e xvi, os grandes descobrimentos ampliam a esfera aberta ao comércio europeu, mas este tem relação sobretudo com estreitas franjas litorâneas; somente os víveres mais caros suportam os custos do transporte: ouro, prata, diamantes, especiarias, os panos de algodão indianos, seda e porcelana da China. A isso se acrescentam alguns produtos dos países quentes dos quais os europeus se tornam gulosos: açúcar, cacau, chá, café, tabaco. Para equilibrar as trocas, a Europa depende da prata que a Espanha explora no México e em Potosi (atual Bolívia), depois do ouro e dos diamantes que Portugal tira do Brasil. Esses metais preciosos, redistribuídos pelo comércio europeu, pagam as compras que os comerciantes holandeses, ingleses ou franceses fazem na Índia ou na China.

Os progressos da navegação e os cascos metálicos limitam os riscos no mar. O barco a vapor encurta as travessias e diminui os custos. A lista de produtos trocados aumenta: graças às novas usinas criadas pela Revolução Industrial, a Grã-Bretanha, mais tarde a Europa e a parte oriental da América do Norte oferecem máquinas que ainda não se sabe fabricar alhures, e tecidos tão baratos que os tecelões locais são arruinados. As regiões de manufatura têm falta, por outro lado, de víveres como trigo e produtos da pecuária. Uma mudança ocorre na natureza e no volume do comércio internacional que transporta cada vez mais produtos de consumo cotidiano ou bens de equipamentos: trilhos, locomotivas, vagões,

Os novos espaços do econômico e do político

por exemplo. Sem essas novas correntes de trocas, a Revolução Industrial perderia força por falta de mercados para escoar sua produção em massa.

A especialização econômica só dizia respeito aos produtos de luxo; agora ela atinge os produtos alimentícios de base, cereais ou produtos de pecuária, a energia, os minérios, as matérias-primas indispensáveis às novas fábricas, e os produtos manufaturados. É necessário limitar os fluxos que criam risco de arruinar as produções locais? É a atitude que inicialmente prevalece: as *corn laws* britânicas garantem aos fazendeiros rendas confortáveis, mas tornam o custo de vida caro. Os industriais, sustentados pelos economistas da Escola de Manchester, impõem o livre comércio: a Grã-Bretanha renuncia a se alimentar, mas seu sucesso industrial é estimulado, o nível de vida das camadas trabalhadoras melhora ali.

No panorama internacional que se esboça desde o início do século XIX e se afirma em torno de 1850, cada nação deve se especializar nas produções para as quais for mais competitiva. A geografia aparece duplamente como útil. (1) As explorações que ela favorece e cujos resultados ela difunde ampliam a esfera aberta ao negócio europeu ou americano. Elas aumentam a lista conhecida das riquezas minerais passíveis de serem extraídas, bem como das regiões em que plantações seriam rentáveis. (2) Uma nova disciplina, a Geografia Econômica, se estrutura a partir dos anos 1860 (Andrée, 1860-1874). Ela compila um quadro das produções e dos fluxos comerciais que estas alimentam na escala mundial. Os agentes econômicos racionais devem escolher a linha de produção mais lucrativa: nos Estados Unidos eles plantarão trigo no *wheat belt*, ou milho no *corn belt*. No Brasil, eles plantarão café no estado de São Paulo ou coletarão o látex das seringueiras na Amazônia. A distribuição das produções resulta de decisões racionais de indivíduos independentes: estamos na linha do contrato social à maneira de Hobbes ou de Locke.

As transformações econômicas dão um segundo alicerce à geografia do século XIX: as Sociedades de Geografia comercial, marítima ou colonial são criadas em todos os grandes portos e todas as grandes cidades da Europa e da América do Norte a partir de 1860. Diferentemente das Sociedades de Geografia dos anos 1820 e 1830, elas não se limitam a promover viagens de exploração: elas informam aos industriais e aos negociantes as novas perspectivas que se oferecem a eles. Elas tentam envolvê-los em projetos de equipamento (construção de portos e de estradas de ferro), indispensáveis para explorar os recursos situados no interior de países longínquos. Elas pressionam os governos para que eles tomem o controle dos países atrasados e os abram para o desenvolvimento.

Geografia e imperialismo

O primeiro imperialismo, aquele que decorre dos grandes descobrimentos e foi expresso no Tratado de Tordesilhas (1494), resulta do progresso da cartografia que o estimula. As grandes viagens marítimas o século XVIII se inscrevem ainda nessa perspectiva. Sua missão é inicialmente explorar as novas terras e cartografá-las para favorecer o acesso às mesmas. O protagonista é aí o navegador (ou engenheiro hidrógrafo) capaz de precisar a situação e proceder ao levantamento do litoral. Mas são os naturalistas embarcados que pintam um quadro preciso dos lugares visitados: eles descrevem os grupos encontrados e seus costumes enquanto os botânicos repertoriam as espécies alimentícias ou medicinais, da mesma forma que os geólogos e mineralogistas assinalam as jazidas passíveis de exploração. Essas novas curiosidades se tornarão dominantes durante a segunda fase do imperialismo, no século XIX.

A cartografia continua sendo um trunfo importante, mas ao tornar-se um assunto técnico ela escapa aos geógrafos. Estes exprimem juízo de valor sobre a cultura dos povos encontrados e seus modos de organização: (1) os grupos que não dispõem de estruturas de Estado são incapazes de controlar vastos espaços; por falta de conhecimentos, eles manejam mal os recursos dos meios em que vivem; eles nem sempre conhecem a propriedade, assim nada se opõe a que se tome posse de suas terras. (2) Nas sociedades mais avançadas, um poder centralizado se exerce sobre territórios por vezes extensos, mas as tradições religiosas aparecem frequentemente como retrógradas, as atividades, como pouco produtivas e o sistema político, como corrompido. Intervir nesses espaços parece tanto mais justificado quanto os soberanos indígenas se revelam incapazes de garantir a segurança dos viajantes, negociantes ou missionários estrangeiros que visitam seu país, que eles os submetem a abusos, ou se eles participam do tráfico de escravos. A construção da imagem do Outro pelo geógrafo – e as outras ciências sociais – alimenta e justifica a segunda vaga de imperialismo: o impacto do orientalismo é desse ponto de vista considerável, como demonstrado por Edward Said (1980).

A geografia como sustentação das viagens de exploração justifica, dessa forma, o domínio europeu em todas as partes do mundo onde o Estado-nação não estiver implantado. A geografia como inventário de recursos e de possibilidades de desenvolvimento guia o colonizador e o negociante.

Na segunda metade do século XIX, a geografia contribui de duas formas (exploração do mundo, análise de suas especializações econômicas) para a partilha do mundo pelos europeus, mais tarde pelos americanos e pelos japoneses que se convidam para a festa.

DA ESTATÍSTICA
AOS SISTEMAS GEORREFERENCIADOS

Estatística e aritmética política

Para administrar eficientemente, um governo deve dispor de dados precisos sobre o território sobre o qual exerce sua soberania e sobre as populações que ali vivem. Um imposto justo – e portanto suportável – considera a riqueza das terras e os recursos das famílias. Em caso de guerra, o exército alista os homens, requisita os cavalos: desde os tempos de paz, este tem que saber o número de habitantes de cada comunidade e a quantidade de montarias que aí são criadas. Os impostos sobre suas transações externas são mais fáceis de serem cobrados do que outros, porque os produtos sobre os quais incidem transitam por um número limitado de pontos: é importante registrá-los de modo preciso.

Os governos sempre tentaram constituir compilações das coletas de dados geográficos. Essa necessidade se racionaliza na Idade Moderna. Isso pode ser constatado no fim do século XVI nas *Relationi universali* que o veneziano Giovani Botero publica em 1591. Ele "relaciona o número de habitantes, a extensão, e as riquezas econômicas" (Broc, 1980: 92). O movimento se amplifica no século XVIII, com William Petty na Inglaterra e Vauban na França. Para se construir as versões reduzidas de Versalhes com as quais sonham, os príncipes alemães do século XVIII precisam tirar o máximo de impostos de suas possessões. É ao que se dedica a "ciência cameralista" que oferece aos governantes da Europa central um quadro preciso do número de seus súditos, de suas produções e de suas riquezas.

TERRA DOS HOMENS

A Reforma e a Contrarreforma estão na origem de um outro progresso: agora que os cristãos estão divididos entre católicos e protestantes, é importante saber a que grupo cada um deles pertence. Durante o decurso dos séculos XVII e XVIII , padres e pastores são convidados a conservar o registro de batizados, de casamentos e de óbitos. A comparação do número de nascimentos com o de mortes dá a medida do movimento natural da população. O Estado se substitui à Igreja ao final do século XVIII. Em 1801, este procede na França a um primeiro recenseamento da população e o atualiza depois de cinco em cinco anos. O panorama da agricultura e da indústria é levantado de tempos em tempos.

A fraqueza desses recenseamentos? O caráter arbitrário das divisões administrativas que lhes servem de unidade de base: desde 1726, o geógrafo alemão Leyser prega uma "geografia pura", cujas divisões seriam libertadas da vontade dos príncipes. O que escolher então? Uma grade geométrica como propõem os racionalistas Robert de Hesseln (1780) na França e Thomas Jefferson nos Estados Unidos (Johnson, 1976)? As esferas de influência das cidades? Os constituintes hesitam entre a segunda e a terceira soluções. Eles dão aos *départements** o nome dos cursos d'água ou de montanhas para ligá-los com a natureza. Trabalham essa definição com a preocupação em mente de que se possa percorrer a cavalo cada *département* em um único dia.

As novas circunscrições pedem uma coleta sistemática de dados. Thomas Jefferson dá o sinal com suas *Notas sobre a Virgínia* (1785). A estatística dos *départements* conhece sua idade de ouro na França no período napoleônico (Bourguet, 1989).

O apogeu da cartografia temática

As informações coletadas são tanto mais úteis quanto estiverem localizadas. A partir do século XVIII, toma-se o hábito de anotar as temperaturas e as observações geológicas sobre o fundo topográfico. Cartas climáticas e geológicas aparecem dessa forma.

Sem mapa, só é possível definir uma parte de território através de seus confrontos: "O campo do Senhor D confronta no Norte com o prado do Senhor E, no Leste com os campos dos Senhores R e J, no Oeste, com os

---

* N. T.: Divisão político-administrativa da França contemporânea.

DA ESTATÍSTICA AOS SISTEMAS GEORREFERENCIADOS

bosques do Senhor G, no Sul com o vinhedo do senhor H." A representação cartográfica é mais expressiva e mais precisa.

Em certos estados italianos, no Piemonte, por exemplo, um cadastro baseado em levantamentos em grande escala foi estabelecido na segunda metade do século XVIII. A Inglaterra, a França e a Áustria imitam a iniciativa em torno de 1800. Os contornos de todas as circunscrições administrativas, municípios, distritos, *départements* são reportados nas cartas regulares. Sua superfície passa então a ser conhecida, o que permite calcular sua densidade demográfica.

As compilações de informações geográficas são indigestas. Se os dados são reportados sobre uma carta, estas se tornam falantes: em 1826, a publicação por C. Dupin de uma "Carta figurativa da instrução popular na França" provoca um choque. Ela reporta por *département* os dados levantados pela estatística. A Nordeste de uma linha traçada de Genebra a Le Havre, a França aparece em claro: ali se sabe ler e escrever. O corredor do Ródano, a região do Languedoc, o Centro-Oeste e uma parte da Aquitânia estão em cinza: o resultado ali é pior. A Bretanha, a Touraine e o Maciço Central se destacam em preto: é a França do obscurantismo!

Os progressos são rápidos: as populações estão representadas por pontos, círculos ou gráfico de barras; as densidades, por cinza; os declives e gradientes, por isopletas. Na qualidade de engenheiro de estradas e pontes, Charles Joseph Minard trabalhou no traçado de novas linhas de transporte ferroviário, mais tarde na utilização dos dados relativos ao seu tráfego. As cartas de fluxo que ele imagina nos anos 1840 e 1850 são notavelmente legíveis. Em cinquenta anos, de 1820 a 1870, a maioria dos procedimentos de cartografia temática são inventados (Palsky, 1996). Um *Boletim de estatística gráfica* dá a conhecer os novos procedimentos e apresenta os resultados mais interessantes.

Os sistemas georreferenciados por volta de 1900

No final do século XIX, os Estados dispõem de sistemas georreferenciados coerentes. Eles se baseiam em uma cartografia regular, que fornece mapas cegos em todas as escalas, desde 1/1000º até 1/1.000.000º. Esses mapas são realizados para o Ministério das Finanças (cadastro), o Exército e a Marinha. O público pode geralmente adquiri-los ou consultá-los. As informações que esses sistemas disponibilizam são coletadas pelo conjunto da administração pública (obras, agricultura, comércio e indústria, fazenda, educação, justiça, entre outras repartições), bem como por organismos tais quais as câmaras de comércio, ou de direito privado como as associações patronais. Elas são formatadas por serviços estatísticos. Seus resultados são publicados em anuários ou podem ser consultados por indivíduos.

Dessa maneira, a produção das informações sobre as quais se baseia a análise geográfica se encontra institucionalizada. No final do século XIX, o geógrafo se desloca por estradas que os engenheiros de estradas e pontes construíram e mantêm desde o século XVIII; ele viaja de trem por estradas de ferro instaladas desde 1840 e administradas por companhias privadas, mas controladas pelo Estado. Consulta cartas topográficas levantadas pelo exército, e cartas geológicas instituídas pelo Serviço Geológico Nacional. Em seu escritório, ele consulta as estatísticas regularmente publicadas em anuários ou vai levantá-las nas repartições públicas. O desabrochar da Geografia não seria possível sem a produção institucionalizada de todas essas formas de informações geográficas.

O sistema ainda não é perfeito, posto que a maioria dos dados coletados continuam apresentados na forma de quadros. Sua localização e sua cartografia não são sistemáticas. Os geógrafos estão conscientes dessa lacuna: entre as duas grandes guerras mundiais, eles se dedicam a produzir atlas nacionais, nos quais todas as informações disponíveis a uma certa data sejam tratadas e representadas cartograficamente (Comitê Nacional Francês de Geografia: 1931-1946). A preparação dessas coletas representa um trabalho pesado e demanda tempo: os dados assim tratados muitas vezes estão desatualizados antes de serem publicados! É a mesma crítica que será feita, nos anos 1960, aos atlas regionais que os geógrafos da mesma forma colocam à disposição dos que planejam o equipamento do território.

Os sistemas georreferenciados atuais

Duas inovações modificam profundamente a elaboração dos sistemas georreferenciados durante o decorrer do século XX: de um lado, as fotografias tiradas de aviões e mais tarde por satélites e, de outro, a revolução da informática e o microcomputador pessoal.

A fotografia aérea facilita o levantamento de campo e o multiplica. Ela informa sobre a topografia, a vegetação e as formas de utilização do solo, o que torna possível acompanhar sua evolução de forma contínua, de hora em hora no caso de conflitos. A colocação em órbita de satélites faz progredir o conhecimento que temos do geoide terrestre e de suas irregularidades. Tal como a fotografia aérea, a foto espacial fornece dados em tempo real. Estes são registrados na faixa de frequências visíveis, ou naquela do infravermelho e a do ultravioleta. As imagens por radar completam aquelas transmitidas pelos satélites.

A massa de dados assim coletados é tão grande que não seria possível explorá-los se dispuséssemos apenas dos meios tradicionais: a revolução da informática e o uso de computadores pessoais tornam viável o tratamento de bilhões de dados transmitidos por todo satélite durante cada uma de suas órbitas. As informações obtidas na frequência do infravermelho ou do ultravioleta são automaticamente convertidas em cores falsas.

A base cartográfica dos sistemas georreferenciados reflete daí por diante fielmente as transformações incessantes do mundo. Aos dados recolhidos pelo recenseamento são acrescentadas aqueles fornecidas pelo sensoreamento remoto.

A cartografia temática se automatizou: eram necessárias horas para dar uma forma gráfica a uma série estatística. O computador propõe dez ou vinte em poucos segundos, o que permite escolher as mais expressivas.

Não é mais necessário mobilizar todos os geógrafos de um país para elaborar um atlas nacional, ou todos aqueles de uma região para desenhar um atlas regional. O geógrafo isolado produz sozinho e em alguns dias o que as equipes levavam anos para elaborar há um século.

A geografia construída desde a Antiguidade se desfaz no século XVIII, quando a topografia se torna um procedimento puramente técnico. Uma nova institucionalização se produz então. Ela é realizada nos âmbitos do Estado-nação, de uma economia internacional cada vez mais competitiva e com o auxílio de sistemas georreferenciados mais precisos, de maior rendimento e mais fáceis de serem realizados por pesquisadores isolados ou trabalhando em pequenas equipes.

A geografia moderna deve muito à iniciativa de indivíduos isolados, mas seu trabalho se fundamenta, a montante, numa infraestrutura de serviços que coloca à sua disposição os resultados coletados por instituições poderosas: o desenvolvimento da geografia se inscreve na evolução contemporânea em direção da *big science.*

O NASCIMENTO DA GEOGRAFIA HUMANA

A geografia física se estrutura desde a primeira metade do século XIX: ela analisa os processos em jogo na elaboração das formas do relevo e na constituição dos meios. A orientação das outras partes da disciplina continua indecisa. Muitos dos que se apaixonam por ela se põem a serviço da exploração. Nas pegadas de Rousseau e de Pestalozzi, alguns veem aí um meio de renovar a pedagogia e de treinar jovens para observação ou descoberta da natureza e da sociedade. Outros lutam para impor o ensino da disciplina ou torná-la conhecida do grande público, pois eles desejam fortalecer a consciência nacional, moldar cidadãos do mundo ou tornar os futuros oficiais aptos a manobrar num campo de batalha. A Geografia Econômica, cujo desenvolvimento se esboça desde os anos 1860, se dedica às decisões dos empreendedores, cujas escolhas ela considera que sejam racionais.

Uma geografia do destino da humanidade

Na linha aberta por Rousseau, a geografia se vê confiar uma dupla missão: formar o espírito dos jovens e esclarecer o destino da humanidade. Inicialmente fragmentada em pequenos grupos próximos do estado natural, ela se fortalece em seguida, domestica plantas e animais e tira recursos do meio ambiente graças à agricultura e à pecuária. Ela desabrocha enfim nas grandes civilizações.

Carl Ritter (1769-1849) é o melhor representante dessa orientação. Próximo de Pestalozzi, ele opta por uma carreira acadêmica que desenvolve na universidade de Berlim. Ele se mantém a par dos avanços da

TERRA DOS HOMENS

geografia física. Ele retoma a ideia fundamental de Varenius: o que se observa em um ponto depende da posição deste: está situado a uma certa latitude, no interior do continente ou no litoral; sua exposição aos fluxos atmosféricos e a maior ou menor influência das correntes marítimas no seu clima não são iguais na fachada oriental e na fachada ocidental de um continente. A posição torna mais ou menos fácil a vida de relações: o isolamento é duro de ser quebrado para quem vive longe no interior das terras, numa zona montanhosa. Os laços se tecem mais facilmente à beira de uma costa com enseadas hospitaleiras, ou numa bacia hidrográfica para a qual convergem as estradas. Desde os anos 1830, Carl Ritter destaca a revolução introduzida pelo barco a vapor (Ritter, 1974)!

Estudar a geografia é partir da posição do lugar e considerar as circulações que o afetam. O que se desenrola aqui depende de causas mais ou menos remotas. Há uma forte conexidade entre os fenômenos observados no conjunto da superfície terrestre. A análise de posição faz compreender em que os complexos geográficos diferem e por que as trajetórias dos povos que ali vivem não são as mesmas. Ritter dedica sua vida a redigir uma geografia comparada, que retraça o percurso da humanidade desde os sítios em que primeiramente se afirmou no Oriente Médio.

Elisée Reclus (1832-1905) veio de um meio protestante; a seu respeito ver Paul Reclus (1964); Dunbar (1978); Sarrazin (1985). Elisée Reclus frequenta a escola pestalozziana que sua mãe criou em Orthez, e mais tarde um colégio mantido pelos irmãos morávios na Alemanha. Ele se inscreve na Faculdade de Teologia da Universidade de Berlim, mas perde a fé e se apaixona pelas ideias socialistas. Acompanha as aulas de Ritter, que o convertem à geografia. O programa anarquista ao qual ele adere procura garantir a felicidade da humanidade ao libertá-la da escravidão, da opressão política, da exploração capitalista e do obscurantismo religioso. Para ele, como para outros anarquistas (Léon Metchnikoff, Piotr Kropotkin ou Charles Perron, por exemplo), a geografia ajuda os homens a se realizarem (Ferretti, 2007).

Reclus retoma por sua conta a ideia de uma geografia comparada: ela não permite apreender a servidão do homem e as vias de sua libertação? A *Geografia Universal* – cuja redação lhe é confiada por Hachette – dá uma primeira versão dessa evolução em 19 volumes escalonados em 18 anos (1876-1894). *O Homem e a Terra*, publicado em 1905-1908, fornece disso uma apresentação mais sistemática. O papel do hemisfério oceânico e o hemisfério continental, o processo de civilização desde a

O NASCIMENTO DA GEOGRAFIA HUMANA

invenção da agricultura, a implantação de grandes áreas de civilização, encontram aí seu lugar, como a expansão europeia a partir dos grandes descobrimentos, a industrialização e a urbanização do mundo. É uma geografia muito atualizada que seduz um grande leitorado.

Elisée Reclus trata da atualidade mais quente, porém as ferramentas conceituais que ele utiliza permanecem bastante elementares.

O evolucionismo, as relações homem/meio e o nascimento da geografia humana

O social é mais complexo que aquilo que supunha as teorias do contrato, o fracasso da Revolução Francesa assim o demonstra (Nisbet, 1966). A sociedade na qual o indivíduo cresce é, para ele, uma realidade já dada, ela o envolve, o influencia e o condiciona. É necessário apreendê-la como tal. As ciências sociais ensinam a fazê-lo durante o decorrer do século XIX. Os problemas que elas devem resolver são específicos, pois analisam seres autônomos. Alguns pesquisadores levam isso em consideração. A maioria se contenta em transpor os procedimentos dos naturalistas ao seu campo. É o caso na geografia: sua renovação se efetua no âmbito do debate aberto pelo evolucionismo darwiniano (Claval, 1964; 1998). Ela se emancipa no entanto bastante rapidamente do determinismo que este veicula.

A questão é simples: a evolução dos seres vivos é ligada às mutações que se produzem no seu patrimônio hereditário e à seleção dos mais aptos operada pelo meio. O processo se aplica aos homens? É preciso considerar a evolução dos grupos humanos em termos de relações homens/meios? Haeckel forja em 1866 o termo ecologia: conforme as ideias de Darwin, essa ciência analisa as relações dos seres vivos com seu meio ambiente. A geografia humana, que Friedrich Ratzel constrói a partir de 1882 sob o nome de *Antropogeografia*, é uma ecologia do homem, uma ecologia para o homem (Ratzel, 1882-1891).

Que a pressão exercida pelo meio ambiente sobre os primeiros grupos – os povos da natureza de acordo com Ratzel (1885-1888) – seja tirânica, isso parece normal. Mas os povos de cultura distendem pouco a pouco esse aperto pois eles se inovam, se emancipam de inúmeras pressões ou as evitam trazendo de fora aquilo que não encontram localmente. É sua aptidão para circular, para organizar o espaço e para estruturá-lo em Estados (Ratzel, 1897) que caracteriza os povos avançados. Ratzel prolonga nesse sentido Ritter e sua visão histórica da geografia.

O evolucionismo convida a estudar os grupos humanos segundo uma dupla perspectiva (Vidal de la Blache, 1921): a de seu enraizamento ecológico em um ambiente local, do qual eles respiram o ar, bebem a água, consomem os produtos, bem como a de uma mobilidade que os conduz ao nomadismo, a migrar ou a se abastecer longe dali. Analisar as relações que os homens entretêm com o meio próximo é considerar as técnicas que lhes permitem dominá-lo, lhes permitem produzir total ou parcialmente aquilo de que necessitam, e de tornar habitáveis lugares difíceis. É um novo programa. Mas colocar o problema do enraizamento em termos de dependência levanta uma questão espinhosa: o lugar do determinismo na vida social.

A geografia vidaliana

A geografia humana que Vidal de la Blache elabora tem fontes similares àquela de Ratzel que ele lê atentamente: ela se inspira de Ritter, considera os problemas da evolução mais em termos lamarckianos de adaptação do que em termos darwinianos de seleção (Berdoulay e Soubeyran, 1991). Vidal acrescenta a isso a ideia de região natural, inventada pelos geólogos franceses entre 1770 e 1850 (Gallois, 1908). Essas diferenças o levam à construção de uma geografia humana que difere daquela de seu colega alemão.

(1) A natureza não impõe: ela propõe. Cabe ao homem escolher uma resposta em função das estratégias e das técnicas que ele domina: o possibilismo. Se a ideia é de Vidal de la Blache, é Lucien Febvre quem faz o termo ser aceito (Febvre, 1922), por oposição ao determinismo. As pressões são consideradas, mas dá-se lugar à liberdade e ao papel da inovação técnica. A dificuldade vem da dosagem de iniciativa humana e da necessidade. Alguns são mais sensíveis que outros ao peso do meio. O debate determinismo/possibilismo envenena a Geografia durante meio século.

(2) A geografia vidaliana analisa as relações entre o homem e o meio ambiente numa perspectiva ecológica e técnica. Os indivíduos tiram sua subsistência das frutas que coletam, da caça que abatem, dos peixes que pescam, dos animais que criam, das terras que eles preparam, lavram e plantam. Eles elaboram armas ou ferramentas que usam a partir dos materiais com que sabem trabalhar. Eles se protegem do vento, da chuva, do sol ou do frio ao se cobrir com vestimentas. Eles construem palhoças

O NASCIMENTO DA GEOGRAFIA HUMANA

ou casas. Ao se combinarem, esses diversos elementos definem os gêneros de vida (Vidal de la Blache, 1911). Para analisá-los, o geógrafo investiga através do trabalho de campo, representa o uso dos solos em cartas geográficas, anota as técnicas agrícolas e as ferramentas mobilizadas, pesquisa os caçadores, os agricultores e os criadores de gado. Ele integra à construção científica, que propõe os conhecimentos transmitidos oral e tradicionalmente pelos grupos primeiros ou pelos lavradores das sociedades históricas, a maioria dos camponeses europeus do fim do século XIX ou do início do século XX. Ele os submete ao mesmo tempo a um exame crítico.

A inovação é imensa: as ciências sociais tinham até então negligenciado as decisões e as maneiras de fazer das massas populares. A história tinha se tornado nacional, mas se interessa sobretudo pelos grandes homens. A geografia humana é a primeira a considerar as práticas e os saberes dos meios populares: ela integra numa construção científica os conhecimentos que qualquer grupo humano desenvolve para garantir sua sobrevivência e se estruturar. Lucien Febvre e Marc Bloch compreendem isso; a Escola dos *Annales*, a que eles dão vida, se apega a essas dimensões (Revel, 1979). Fernand Braudel tira daí a ideia que a história deve ser também aquela da longa duração das evoluções populares (Braudel, 1958).

(3) Em suas análises, o geógrafo descobre realidades que se mostram estáveis ou evoluem lentamente: gêneros de vida, regiões, paisagens, modo de exploração agrícola. São estruturas, se dirá mais tarde. Esses objetos tinham até então escapado à investigação científica. Daí por diante eles definem o campo da Geografia.

Vidal de la Blache destaca os gêneros de vida, classifica as paisagens, localiza os limites das unidades regionais. Ele evita entretanto solidificá-las: os gêneros de vida conhecem às vezes mudanças. Há na França pequenas regiões calcadas sobre afloramentos geológicos ou nuances climáticas, mas a coincidência entre estas e as províncias que realmente importam nunca é perfeita. A uma outra escala os gêneros de vida, as formas de habitat, as atitudes definem grandes complexos (Vidal, 1903). Seus contornos são suscetíveis de mudar. Em um mundo que a Revolução Industrial e as estradas de ferro estão a transformar, o papel das cidades dinâmicas cresce (Vidal, 1910). Vidal lê, através da evolução dessas entidades, os jogos do poder. A modernidade de suas análises reside nisso.

As diferentes formulações da geografia clássica

A formulação da geografia humana que Vidal de la Blache propõe é coerente; ela serve de moldura à fase clássica que a disciplina atravessa até o meio do século xx. Formas semelhantes de conceber os estudos se impõem na Alemanha e nos Estados Unidos.

As ideias de Ratzel só encontram, na Alemanha, uma acolhida bastante reservada, fora do círculo da geografia política – que ele criou – e daquele da geopolítica inspirada nele vinte anos mais tarde. Por que não dar a prioridade ao estudo do *Landschaft*, palavra alemã que se traduz ao mesmo tempo por *pays* (pequena região) e por paisagem? Assim se evita pesar sobre a separação entre vertente humana e vertente física da disciplina. As formas visíveis (a paisagem) e as divisões locais (em pequenas regiões) constituem objetos estruturados e que permanecem muitas vezes estáveis durante longos períodos, como destaca Otto Schlütter (1906) e Alfred Hettner (1927).

Nos Estados Unidos, Carl Sauer (1963) dá à análise das paisagens culturais uma outra consistência. Ele as concebe ao mesmo tempo como combinações ecológicas de seres vivos e como a materialização de práticas, de habilidades e de conhecimentos.

Relações homens/meio, articulações regionais e paisagens são os ingredientes comuns da geografia clássica, mas sua dosagem varia de um país para outro.

Da geografia clássica à nova geografia: revolução ou realização?

A geografia clássica

No início do século xx, a geografia humana se beneficia de uma conjuntura favorável. Governos e opiniões públicas estão inclinadas favoravelmente à disciplina. Essa concorre para formar cidadãos e lhes ensina a conhecer e a amar seu país. Ela guia a expansão colonial.

As condições mudam com a Primeira Guerra Mundial: os nacionalismos, julgados responsáveis pelo conflito, são criticados. A expansão imperial da Europa chega ao fim, seu refluxo se anuncia. Isso não questiona, no entanto, o lugar dado à geografia no ensino: seu alicerce institucional permanece, mas ela responde menos diretamente às inquietações da sociedade.

Nada perturba o desenvolvimento da geografia clássica, mas nada a orienta em direção dos grandes problemas da época. A disciplina combina em todo lugar – mas em proporções variáveis – a descrição regional, o estudo de paisagens e a análise das relações que os homens tecem com o meio. O grande negócio é armazenar resultados abrindo novos campos de pesquisa. Em torno de 1900, o estudo dos estabelecimentos humanos captados em sua diversidade estava no cerne das pesquisas (Brunhes, 1910). Afora os trabalhos de geografia econômica, que pareciam de certa forma subalternos, a pesquisa cuidava sobretudo das sociedades primitivas ou do mundo rural, ainda tradicional na maioria dos países. A geografia dos anos 1910, 1920 ou 1930 se interessa pelo poder, pelas cidades (Blanchard,

TERRA DOS HOMENS

1911; Lavedan, 1936; Vallaux, 1991). Ela se dedica tanto às hierarquias sociais quanto à multiplicidade das culturas. Ela reconstitui as distribuições geográficas em tal ou tal outro momento do passado, ou reconstrói sua evolução durante períodos mais ou menos longos (Darby, 1936).

A constatação de que há configurações estáveis dota a disciplina de objeto próprio: daí o interesse suscitado pelas divisões regionais e, nas zonas rurais, pelas estruturas agrárias (também chamadas de paisagens agrárias). Às pastagens separadas por sebes se opõem os campos abertos, ou *openfields*. Nas frentes pioneiras, as fazendas são implantadas em franjas, junto às vias de penetração, com suas terras na retaguarda, como no Quebec. No resto da América do Norte, elas são edificadas no centro de propriedades quadradas. As pastagens muitas vezes se sucederam às paisagens agrestes de apascentar onde setores estreitos, protegidos por sebes ou muros, eram cultivados de forma permanente graças ao esterco vindo das terras de pastagem (sistemas *infield/outfield*). De Marc Bloch (1931) e Roger Dion (1934) aos anos 1960, os estudos e os resultados se multiplicam.

As viagens se tornam mais fáceis. As potências coloniais desejam conhecer melhor suas possessões. A pesquisa universitária, inicialmente restrita à Europa e à América do Norte, ganha os domínios britânicos e depois o conjunto das outras colônias. Ela descobre a especificidade dos meios tropicais, a fragilidade e a pobreza de muitos de seus solos, bem como os problemas que seu manejo suscita (Gourou, 1947).

Os limites da geografia clássica

A geografia clássica é uma construção imperfeita. O contexto intelectual no qual ela foi formada a aprisiona numa interminável querela do determinismo *versus* possibilismo. Seduzidos pela ideia que a disciplina possui sobre seus objetos próprios, muitos a reduzem à análise das paisagens, dos gêneros de vida ou das regiões, negligenciando sua plasticidade e suas evoluções. Eles insistem no enraizamento das sociedades humanas e se desinteressam pelos efeitos da circulação.

A análise dos gêneros de vida é feita para sociedades em que a divisão do trabalho é fraca, de forma que todos participam dos mesmos trabalhos nos mesmos momentos. Ela não convém a um mundo em que a facilidade das trocas conduz a uma especialização avançada. Os trabalhos sobre as cidades e sobre a indústria se multiplicam, mas os geógrafos não dispõem de ferramentas que sejam adaptadas a esse fim. A disciplina fala de modo muito mais convincente do que existiu e menos do que emerge: ela tem uma chancela passadista.

Um certo desencantamento se instala entre os geógrafos após a Segunda Guerra Mundial. A descolonização se acelera. A desigualdade que se aprofundou – entre os países industrializados e os outros – parece escandalosa. Para melhorar o destino de todos, o crescimento é imperioso. A Geografia está desarmada diante desses problemas. É preciso repensá-la: chegou o momento de questionar seus fundamentos epistemológicos.

Questionamentos: Edward L. Ullman e Jean Gottmann

O desconforto que a Geografia experimenta se exprime em muitas publicações. Dois autores se destacam nesse ponto. A atenção dada às relações que os homens estabelecem com o meio ganha daquela dada aos fluxos e à circulação. Para Edward Ullman (1980), que conhece bem a obra de Ratzel e aquela de Vidal de la Blache, as insuficiências da geografia de seu tempo se originam aí. É preciso destacar o deslocamento de pessoas, os movimentos de mercadorias e os fluxos de informações. A geografia que ele arquiteta é construída sobre vias, redes, nós de comunicação, campos de força, áreas centrais e zonas periféricas. Ela captura o processo em curso dentro da dinâmica do desenvolvimento desigual.

A geografia clássica não se interessava mais pelas representações que os homens se fazem do mundo: a abordagem dominante era naturalista. Para Jean Gottmann (Muscarà, 2005), os grupos humanos tiram da natureza a energia, os alimentos e os materiais dos quais eles necessitam, mas seu enraizamento em uma porção de território não é explicada pela ecologia. Sua base é simbólica. O exemplo que ele escolhe destaca esse aspecto: quando um grupo saía antigamente de uma aldeia sérvia para desmatar uma parte da floresta em que criar campos, fundando uma nova comunidade, os sacerdotes abriam a marcha. Eles carregavam ícones e os instalavam no coração do espaço pioneiro, que dessa forma era transformado em terra de homens, uma terra nova na qual os recém-chegados podiam se ancorar (Gottmann, 1952). Jean Gottmann se debruça da mesma forma sobre as relações que os grupos tecem entre si: os movimentos e os fluxos o fascinam, como a Ullman. Ele explora mais especialmente aqueles que carregam informações, pois eles estruturam o mundo moderno, cujo melhor exemplo é a megalópole americana, que se estende de Boston a Washington (Gottmann, 1961).

A nova geografia dos anos 1950 e 1960

A partir da metade dos anos 1950, muitos jovens seguem a trilha aberta por Gottmann e Ullman. As orientações que eles recebem são chamadas de nova geografia ao final da década de 1960 (Gould, 1968).

Desde o século XIX, um ramo da economia – a economia espacial – analisa o papel da distância e das dotações em fatores naturais na distribuição das atividades econômicas. Entre 1820 e 1850, Ricardo e von Thünen esclarecem assim a lógica das escolhas feitas pelos proprietários agrícolas. Entre 1870 e 1910, Launhardt e Alfred Weber se interessam pela localização das indústrias. Falta compreender a distribuição das atividades de serviço: um geógrafo, Walter Christaller, e um economista, August Lösch, se dedicam a isso nos anos 1930.

No decorrer da década de 1950, algumas publicações fazem a síntese dos trabalhos de economia espacial: a de Claude Ponsard (1955) na França, de Walter Isard (1956) nos Estados Unidos. Os geógrafos apaixonados pelo estudo dos fluxos e da circulação tiram partido delas: as atividades agrícolas se distribuem em anéis em torno dos mercados, conforme ao modelo de von Thünen? Os industriais escolhem o ponto que maximiza seus lucros e levam em consideração os custos de transporte da energia, das matérias-primas e dos artigos fabricados, bem como a remuneração do trabalho, como definido por Alfred Weber? Os serviços se instalam em lugares centrais estruturados em redes hierarquizadas, como evidenciado por Christaller? O alvo não é enriquecer os esquemas propostos mas antes verificar sua validade. A estatística espacial progride rapidamente (Berry e Marble, 1968): para muitos jovens pesquisadores, a riqueza da Nova Geografia reside nos métodos quantitativos que ela mobiliza.

As contribuições da geografia para a economia espacial chamam menos atenção e no entanto são substanciais: evidenciação do papel dos contatos e dos custos de comutação na gênese dos lugares centrais (Claval, 1981); crítica da teoria clássica das relações internacionais, que ignora o impacto do progresso e das economias de escalas e das economias externas; tendência à acumulação das atividades nas áreas centrais (Ullamn, 1980); na escala urbana, formação de guetos em razão da ação das externalidades negativas.

A geografia econômica, por tanto tempo desprezada, está no cerne da nova geografia, mas esta esclarece ainda outros campos da vida coletiva, estudando a organização social e os jogos de poder. Nas socie-

DA GEOGRAFIA CLÁSSICA À NOVA GEOGRAFIA

dades industrializadas e urbanizadas, os indivíduos assumem um a um um grande número de papéis: eles os combinam de maneira tão variada que não se pode falar de gêneros de vida. A existência de todos é a soma das partes que ele assume sucessivamente nas relações institucionalizadas (família, clã, ordem, empresa, administração, entre outras) das quais participa. Cada faceta empregada o associa a uma coletividade objetiva de interesses e de problemas; quando as redes facilitam a circulação das informações em seu seio, esses conjuntos tomam consciência de sua condição e se transformam em classes. Os conceitos de papel, de relações institucionalizadas, de coletividade e de classe fazem compreender a arquitetura das construções que estruturam o espaço social (Claval, 1973). Esses âmbitos canalizam influência, dominação, autoridade reconhecida ou pressão sofrida: a Nova Geografia renova também o estudo dos feitos de poder (Claval, 1978).

Revolução ou realização?

Para os adeptos da nova geografia, a renovação da disciplina é completa: uma revolução científica – no sentido que Thomas Kuhn (1962) define então – foi feita. A geografia clássica era construída em torno de um paradigma que destacava o enraizamento das sociedades humanas em meios naturais e a diversidade que daí advinha. É doravante em torno da ideia de distância e de alcance-limite dos deslocamentos das pessoas, dos bens ou das informações que a disciplina se estrutura. Ela mobiliza, para esse fim, técnicas quantitativas muito mais rigorosas que aquelas até então empregadas.

A ruptura é então tão completa quanto se pensa à época? A Geografia sempre recorreu aos levantamentos quantitativos. Ela se baseia em índices calculados, os de densidade por exemplo. Os progressos sentidos nesse campo são consideráveis, mas não houve mutação brutal.

A geografia clássica desconfiava da subjetividade dos atores que ela estudava, na medida em que só tratava de decisões racionais. Seu procedimento pretendia ser positivo, tal como declarava o subtítulo da *Geografia Humana* que Jean Brunhes publica em 1910: *ensaio de classificação positiva*. A nova geografia é calcada numa forma mais evoluída de epistemologia, aquela que o Círculo de Viena colocou na moda entre as duas guerras (Harvey, 1969). Esse modo de conceber a ciência é qualificado de neopositivismo lógico. Como no caso do positivismo do início do

TERRA DOS HOMENS

século xx, este se recusa a levar em consideração a subjetividade dos atores. Aí também trata-se antes de evolução do que de ruptura.

A reflexão que Edward Ullman e Jean Gottmann iniciam não tem por objetivo fundar uma nova disciplina: ela explora um capítulo negligenciado proposto por Ratzel e Vidal de la Blache, aquele que trata da circulação. A nova geografia não se coloca de forma ambígua em relação à geografia clássica: ela a prolonga, a completa e lhe permite realizar plenamente as promessas sobre as quais aquela fora formada.

A contribuição é considerável e tem um preço: a dimensão ecológica dos fatos humanos passa para segundo plano.

O sucesso da nova geografia é fulgurante: ela se impõe em menos de quinze anos. Seu declínio é da mesma forma rápido: as críticas da qual é objeto acabam com seu impulso no início dos anos 1970. De fato, é o conjunto da construção elaborada desde os anos 1880 que é examinado: trata-se de romper com as conquistas de toda a modernidade geográfica.

Questionamentos

As ciências sociais como constatação, como crítica ou como construção

Após 1970, assistimos a um questionamento sistemático do pensamento ocidental. Esse questionamento visa particularmente a maneira pela qual são concebidas as ciências sociais. Os filósofos do Iluminismo tinham desenvolvido uma perspectiva crítica: eles comparavam a sociedade de seu tempo àquela que teriam construído os indivíduos livres e desejosos de assegurar bem-estar e felicidade.

A perspectiva crítica conhece um eclipse quando se descobre que a sociedade não é instituída por decreto. O fato social não aparece mais como uma construção voluntária: ele constitui, para cada indivíduo, um pensamento espontâneo que se impõe a ele como vindo do exterior. Para explorar essas dimensões da vida coletiva, os especialistas das ciências sociais – e os geógrafos – copiam os naturalistas: eles procuram dar conta daquilo que observam. Dessa forma, eles tratam igualmente o justo e o intolerável. Ao aderir ao modelo positivista, as ciências da sociedade – e a Geografia – se tornam conservadoras. A Escola de Frankfurt reclama, desde o período entre as duas guerras, o retorno à perspectiva crítica (Vanderberghe, 1997-1998). Isso se torna uma das questões principais posteriormente a 1968.

As transformações que afetam a Geografia se aceleram então. A irrupção da fenomenologia e das correntes radicais faz balançar ao mesmo

TERRA DOS HOMENS

tempo os fiéis da abordagem clássica e os adeptos da nova geografia (Gregory, 1978). A vaga pós-modernista marca os anos 1980 (Jameson, 1984): o pensamento ocidental é globalmente criticado e, por ricochete, as ciências humanas e as ciências sociais também o são. Foucault faz do olhar um instrumento de dominação (Foucault, 1976): não é o que torna a Geografia útil aos olhos do poder? O espaço social de Deleuze e Guattari (1980) não é mais estruturado em raiz e pirâmides hierárquicas: ele evoca de preferência as ramificações múltiplas e a ausência de centros de rizomas. Eis aí uma outra geometria para pensar os grupos e os espaços. A desconstrução derridiana mostra a vacuidade dos grandes discursos propostos pelas ciências da sociedade (Derrida, 1967).

O questionamento dos pressupostos, dos limites e das subdivisões da Geografia

O procedimento científico emancipava, a seus olhos, os geógrafos de ontem do peso do meio social em que viviam. Os de hoje são mais modestos: as posturas que eles adotam, e os instrumentos conceituais que mobilizam, carregam a marca da época, da cultura e do meio social em que foram imaginados e daqueles em que foram realizados. As precauções que cercam sua definição e sua utilização evitam certas exaltações passionais, mas não os emancipa do meio ambiente em que nasceram e continuam sendo usados. O trabalho dos pesquisadores não é motivado somente pela curiosidade: ele reflete suas ambições de carreira, sua preocupação em serem distinguidos pelo poder, suas convicções religiosas e ideológicas. A geografia deve ser submetida à desconstrução: tradições recebidas e condicionamentos sociais, dessa forma, são colocados em evidência.

Esse questionamento dinamita as separações que foram construídas no seio da disciplina e entre esta e as outras ciências sociais, as ciências humanas ou a filosofia (nesse campo, um precursor, Dardel, 1952; ver também Buttimer, 1976, e Frémont, 1976). Para compreender a experiência geográfica das pessoas, os depoimentos da literatura e da arte são insubstituíveis.

A circulação dos bens, das pessoas, do dinheiro e das informações está sempre no centro da Geografia Econômica, mas as escolhas que os produtores e consumidores fazem não são unicamente determinadas pela busca da utilidade ou do lucro máximo. Sensíveis à publicidade, as compras são muitas vezes ditadas pelo costume ou pela moda (Crang, 1998); às vezes são ostentatórias (Veblen, 1899), efetuadas para nos distinguirmos dos outros. A eficiência da empresa não reflete somente a capacidade de análise de seus dirigentes: ela é função de sua cultura própria e testemunha a fidelidade que empregados e executivos sentem para com ela (Weber, 1904-1905; Claval, 1978).

O que legitima o exercício da autoridade varia. Em muitas sociedades tradicionais, o poder é recebido em delegação do Deus supremo, ou dos deuses. Nas sociedades democráticas, é do povo que emana a autoridade legítima. Nas sociedades socialistas, ele era exercido em nome da classe operária. O econômico e o político mergulham, assim, suas raízes no social e no cultural.

A geografia do tempo e a construção social

A experiência é individual: ela depende do momento e do lugar. Ela reflete os itinerários seguidos por cada um. Torsten Hägerstrand destaca esse ponto ao imaginar, em 1970, a geografia do tempo *(time geography)*: a cada instante, ele transporta para um mapa cego os lugares e as pessoas que os frequentam. Ele empilha então esses instantâneos: isso dá um volume cuja vertical é o eixo do tempo. Esse cubo revela como se combinam espaço e duração. As trajetórias temporais das pessoas que não se deslocam se inscrevem verticalmente no paralelepípedo espaço-tempo. Aquelas dos indivíduos móveis aparecem como oblíquas e convergem para os domicílios da vida familiar ou coletiva: a casa, o apartamento, a escola, as lojas, a oficina, o escritório, a igreja, o campo de esportes. Dessa maneira, o conjunto dos encontros que modelam o indivíduo é revelado.

A sociedade como totalidade envoltória não existe. O que se observa são feixes de relações estruturadas em torno de cenas locais mais ou menos ligadas entre si. As ciências sociais foram construídas durante muito tempo como se o espaço importasse pouco. Elas só se interessaram por ele num segundo momento, para tornar mais realista um modelo não-espacial, o único que era fundamental. Eis que agora se descobre que a sociedade, a economia, a cultura são construções intelectuais que simplificam uma realidade que o jogo das distâncias torna sempre confusa e complexa (Giddens, 1984). A Geografia deixa de aparecer como sendo um complemento facultativo para as abordagens mais significativas.

Levando em conta a experiência

Quais as censuras que se faz à tradição ocidental? De privilegiar o exercício discursivo da inteligência, a demonstração lógica, a abstração, e de negligenciar o corpo, a sensibilidade, o sofrimento (Buttimer, 1976); de desdenhar a maneira de pensar e de viver que tomam curso em outros lugares.

A revisão dos fundamentos do pensamento ocidental acarreta aquela dos pressupostos da Geografia. O homem não é um espírito que plana acima das coisas e do mundo. Ele tem um corpo, que se insere num meio ambiente material. Ele vive aqui, agora. É o *Dasein* de Heidegger (no qual se inspira Dardel, 1952).

A depender se são jovens ou idosos, os seres humanos não vivem no mundo da mesma maneira nem tem as mesmas perspectivas quanto ao real. Para compreender como se constrói a terra dos homens, não basta considerar as práticas e as habilidades que uns e outros desenvolvem para se dirigir, assentar seu empreendimento no meio ambiente e se inserir na sociedade. Sua sensibilidade, sua emotividade, sua experiência também contam com o mesmo peso.

Da Antiguidade ao século XVIII, os problemas de orientação e de localização são o foco da atenção dos geógrafos, a carta geográfica está no cerne de seu procedimento. Somente mais tarde, depois de Vidal de la Blache, é que o estudo dos gêneros de vida leva a disciplina a analisar as práticas e as habilidades das populações que ela estuda. As mudanças sofridas há trinta anos acrescentam à disciplina uma dimensão capital e entretanto negligenciada: elas mostram o significado da experiência vivida na maneira pela qual os homens constroem o espaço no qual se desenvolvem.

O apego que as pessoas sentem pelos lugares em que vivem é muitas vezes forte. Os geógrafos sabem disso há muito tempo. No fim do século XVIII, Giraud-Soulavie destaca o quanto o *pays*, a pequena região, é vívida para as populações do Vivarais, onde ele pesquisa. O que esse termo significa é infelizmente difícil de ser captado. A mesma área às vezes é conhecida por diferentes nomes. Seus limites são imprecisos. A perspectiva positiva que domina no início do século XX impõe que se funde a análise regional sobre critérios objetivos: o *pays,* a pequena região, não constitui um âmbito adequado, constata Lucien Gallois (1908).

A perspectiva muda depois de 1970. Os geógrafos se apaixonam pelos *lugares*, pelo sentido que se empresta ao termo e pelos sentimentos que eles provocam; quietude, paz, tranquilidade em certos casos, medo,

QUESTIONAMENTOS

temor, terror em outros (Tuan, 1974). Eles exploram essas reações emotivas através de narrativas biográficas, das novelas, dos romances, dos quadros, dos filmes.

À região cujos limites são objetivamente estabelecidos por um analista distanciado das contingências locais, eles preferem o país e muitas vezes o *território* (Frémont, 1976; Bonnemaison, 1992), onde as identidades se engancham, um poder o estrutura e o modela: é um espaço vivido (Buttimer, 1976). A *paisagem* também chama da mesma forma a atenção (Berque, 1995; Roger, 1997). A fotografia capta com precisão, mas não é o que fascina. Os pesquisadores preferem se deter sobre a maneira como a paisagem é sentida, os estereótipos ou conotações que lhe são associados. Portadora de memória, a paisagem ajuda a construir os sentimentos de pertencimento; carregada de símbolos, ela cria uma atmosfera que convém aos momentos fortes da vida, às festas, às comemorações.

Os homens duplicam o mundo em que vivem com espaços que lhe dão um sentido: a Geografia se interessa pelas religiões, pelas ideologias que oferecem modelos para ação e indica o que deve ser (Claval, 1980; 2008).

O efeito combinado das duas mutações maiores que atravessam as ciências sociais (crítica da arrogância ocidental e consideração do vivido) se lê na emergência de alguns temas: o do gênero e o do pós-colonialismo, por exemplo.

O gênero

A experiência que os indivíduos têm do distanciamento ou da proximidade, do meio ambiente material e do meio social varia com a idade, o sexo, o corpo. A profundidade de seus horizontes temporais difere.

A divisão das tarefas entre a metade masculina e a metade feminina da humanidade não está inscrita desde o início das eras em suas respectivas naturezas. A biologia conta – a gravidez, o parto, a amamentação pesam unilateralmente sobre as mulheres –, mas os cuidados dispensados aos bebês, a preocupação que suas doenças causam, a atenção permanente que sua formação exige podem ser – e deveriam ser – divididos entre os pais e as mães (Rose, 1993).

A mulher está condenada a viver reclusa em casa? Ela não tem o direito de trabalhar e ganhar sua vida, como os homens? É por razões objetivas ou para mantê-las em condição submissa que muitas carreiras lhes são vedadas?

O desenvolvimento das pesquisas sobre o gênero desfecha um golpe duro nos conceitos tradicionais da disciplina: os geógrafos não deveriam ter se indignado há mais tempo da dureza da condição feminina e dos mil modos usados para menosprezá-las e evitar sua emancipação?

O pós-colonialismo

Ao propor seus serviços de realizadores de cartas geográficas e de coletores de dados, os geógrafos se fizeram instrumentos e cúmplices do imperialismo. O pós-colonialismo tem um olhar crítico sobre os estudos publicados de 1800 a 1950. Seu projeto não para aí (Lazarus, 2006).

A colonização levou as culturas à convivência. As populações dominadas tiveram que modificar suas habilidades, aprender novas maneiras de raciocinar e calcular, aceitar (e reinterpretar) valores que lhe eram estranhos. No sentido inverso, os militares, os administradores, os comerciantes, os professores e os pesquisadores que a Europa (e, mais tarde, os Estados Unidos e o Japão) enviam para suas colônias descobrem culturas diferentes. Eles as comparam com a da pátria-mãe, ficam fascinados pela liberdade sexual de algumas e descobrem sensibilidades e filosofias que eles ignoram (Staszak, 2003).

A interação entre as culturas dos colonizadores e aquela dos colonizados não se interrompe com a descolonização. O imperialismo favoreceu a emergência de mundos mestiços: sua dinâmica continua após a independência. As culturas do mundo atual não são espécies puras: a maioria é de híbridos.

Como a totalidade do pensamento ocidental, a Geografia não para, há quarenta anos, de ser desconstruída. Ela é, ao mesmo tempo, reconstruída.

A Terra dos homens na era digital

Como reconstruir a Geografia num mundo em que as distâncias pesam menos?

Os questionamentos dos últimos quarenta anos invalidam os resultados até então conseguidos pela Geografia? Alguns radicais pensam dessa forma (Jones III e Natter, 1999), mas essa é uma atitude minoritária: sempre se tem necessidade de cartas, de plantas, de sistemas georreferenciados. Para explicar as distribuições observadas na superfície do mundo, é bom analisar o *know-how* material e os conhecimentos que as sociedade tradicionais mobilizam, ou aqueles que são realizados pelas populações do mundo contemporâneo.

Há momentos na vida em que o tempo faz falta: o comportamento dos homens parece então com o daqueles insetos sociais, suas reações se tornam previsíveis. A mutação contemporânea dos saberes geográficos não condena o uso de modelos para antecipar os fluxos que a chegada de novas atividades gera, para prever as infraestruturas e os meios de transporte necessários aos trabalhadores que elas atrairão.

A geografia econômica, a geografia política e a geografia social não desaparecem exclusivamente pelo fato de os comportamentos e os processos que elas analisam trazerem a marca das culturas. Isso as força a sair de seus limites tradicionais e a considerar mais ainda as atitudes e as experiências daqueles pelos quais elas se interessam.

A dimensão ecológica: salvar a Terra dos homens

As mutações dos últimos quarenta anos dão à Geografia uma dimensão crítica que ela, até então, tinha em larga escala ignorado. Ela integra a dimensão subjetiva da experiência dos lugares que o positivismo tinha levado a ser negligenciada. Ela se dedica novamente aos laços que existem entre os homens e o meio ambiente.

A perspectiva evolucionista na qual a questão foi abordada orientou mal o debate. O problema não consiste em saber se é a natureza, ou o homem, quem comanda. É antes compreender como os homens levam em consideração a dimensão ecológica de sua existência. E é graças a esta que eles tomam consciência das dinâmicas que eles não comandam, mas das quais dependem. Uma parte da reflexão epistemológica versa sobre o diálogo que se instaura, assim, entre o homem e os meios em que este vive, ou que visita ou de que tira partido. O termo *médiance*, forjado por Augustin Berque, exprime "o sentido do meio humano", a palavra remete "aqui também da mesma forma [...] às significações, [...] às sensações do corpo vivo e [...] às tendências materiais objetivas do meio em questão" (Berque, 1999: 74). O meio ambiente existe através de nossos sentidos que o descobrem, das representações de que dele temos e do peso que a ele nós conferimos (Berque, 1996; 2000).

Os homens fazem parte da natureza, na qual eles se inserem e da qual tiram partido para assegurar sua subsistência. Era sabido que os recursos disponíveis em tal ou tal outro lugar eram limitados, mas, enquanto existiam terras virgens, jazidas inexploradas, parecia possível escapar desse aperto. Ninguém se sentia responsável pela gestão global do meio ambiente. A explosão demográfica, a evolução do nível de vida e o aumento do nível de consumo impõem outras atitudes: o futuro ecológico do planeta está nas mãos dos homens (Claval, 2006). Cabe a eles agir de modo a que este continue sendo acolhedor para nós.

O impacto das telecomunicações e da digitalização: novas distribuições

A distribuição dos homens e das atividades na superfície da Terra resulta da ação de forças antagônicas. O desenvolvimento dos recursos estimula a dispersão; a preocupação de escapar do isolamento estimula o agrupamento. Na impossibilidade de permanecer em contato com as

A TERRA DOS HOMENS NA ERA DIGITAL

pessoas, os deslocamentos se impõem para reencontrá-las. A lógica dos transportes leva a articular as linhas em torno das encruzilhadas, onde é mais fácil marcar encontros. Assim nascem as cidades, distribuídas em redes hierarquizadas (Claval, 1981).

Até a Revolução Industrial, somente uma parte da população gozava permanentemente das vantagens da vida urbana: menos de 20%, muitas vezes menos de 10% ou de 5%, nas civilizações tradicionais. A revolução dos transportes e a Revolução Industrial fazem esses marcos explodir. Desde 2009, e pela primeira vez, mais da metade da humanidade mora em cidades.

Uma outra mutação está em curso. A mobilidade que os transportes coletivos e o automóvel garantem alarga os perímetros urbanizados. A revolução das telecomunicações vai mais longe. No mundo digitalizado em que nós vivemos, cabos, redes hertzianas e satélites garantem ligações instantâneas entre todos os pontos da superfície terrestre. O contato direto continua mais eficiente, mas suas vantagens diminuem na medida em que se torna mais fácil duplicar a circulação de textos pela das imagens e por aquela dos sons.

As lógicas que estimulam a articulação do espaço habitado em torno dos lugares centrais perdem força: somente ocorrem deslocamentos físicos dos parceiros agora quando se trata de negociações de grande envergadura, no mais alto nível (Törnqvist, 1969). Ao lado de metrópoles cujo dinamismo se mantém ou se afirma, um tecido que não é mais verdadeiramente urbano pela sua morfologia, ainda que seus habitantes realizem funções que antigamente se localizavam nas cidades. De rural, só restam alguns traços da paisagem. O tempo da oposição entre as cidades e o campo passou.

Homens em busca de identidades

No universo digitalizado no qual nós entramos, a distribuição geográfica das culturas não responde mais às lógicas às quais esteve por muito tempo submetida. A mobilidade cresce. As práticas e os saberes vernaculares perdem suas raízes locais. Eles são substituídos pelas culturas de massa em parte moldadas pelos meios de comunicação. A humanidade não tem mais raízes: as identidades tradicionais se esfarelam, aquelas que estão sendo desenvolvidas ainda não as substituem (Haesbaert, 2004). Um vácuo se cria (Zelinsky, 2001).

Em um mundo no qual a produtividade do trabalho cresce e a esperança de vida se prolonga, o tempo livre aumenta. Como ocupá-lo?

TERRA DOS HOMENS

Viajando, participando de atividades culturais? Sim, mas isso não basta. A inquietação existencial se torna mais palpável: às religiões que asseguravam o enquadramento das sociedades históricas e às ideologias que as tinham parcialmente substituído ou completado na época moderna se juntam seitas e movimentos de pensamento feitos para responder à angústia de um mundo que muda demasiadamente rápido (Claval, 2008).

Nunca a experiência geográfica, o significado dos lugares, o papel das paisagens chamaram tanto a atenção: para compreender a Terra dos homens, convém ainda levar em consideração suas dimensões ecológicas e funcionais, mas a ordem simbólica que os grupos humanos instauram se reveste de um significado novo.

A neogeografia

No mundo digitalizado e interconectado no qual nós vivemos, a dinâmica da construção dos saberes muda: o acesso a um sítio da internet é aberto a todos. Cada um pode, assim, participar dos debates que inflamam a sociedade: uma nova forma de espaço público nasceu.

A elaboração de dicionários e de enciclopédias se baseava na mobilização das competências. Os editores eram obrigados a isso, pois eram responsáveis pela qualidade das informações que publicavam. Eles escolhiam seus colaboradores em função de seus diplomas universitários e da reputação que lhes asseguravam suas publicações. O princípio da Wikipédia é outro; cada um contribui livremente com seus conhecimentos, suas observações e seus pontos de vista críticos. Ali encontramos de tudo em cada verbete: ideias claras, conceitos mal elaborados e erros; não há editor, no sentido tradicional do termo, portanto não há controle. Os textos que tratam de um conceito são frequentemente contraditórios: cabe ao leitor fazer sua crítica e sua síntese.

O perigo do procedimento é óbvio: Wikipédia serve tanto para propagar o erro quanto a verdade. Mas com que direito se decreta que uma ideia é verdadeira e outra é falsa? A autoridade que detêm os editores de livros e de jornais é legítima? Os meios de comunicação modernos introduzem um fermento de anarquia na esfera intelectual.

Há alguns anos, os sítios em que todos podem compartilhar sua experiência geográfica se multiplicam como se pode ver, por exemplo, em http://mondegeonumerique.wordpress.com. Isso diz respeito a inúmeros assuntos: sua rua, seu bairro, são bem conservados? O que seria preciso fazer para torná-los mais agradáveis para os seus moradores? Qual é a praia (estação e esportes de inverno, a cidade histórica, o sítio) que você prefere? Por quê?

O termo neogeografia forjado em 1977 por François Dagognet em outro contexto se aplica doravante a esses procedimentos digitalizados de compartilhamento das experiências. Se fala também de *webmapping* ou de cartografia colaborativa. Geógrafos como Thierry Joliveau se interessam pelos dados assim coletados.

Todos podem se liberar da tensão como quiserem: renunciamos a pedir às pessoas para revelar o que eles pensavam de seus vizinhos, era muito explosivo! Os depoimentos que os sítios da grande rede coletam não são nem mais sinceros nem mais fidedignos que os outros. Diferem daqueles entretanto de forma radical: eles não são solicitados!

Os geógrafos tinham muita dificuldade de repertoriar os conhecimentos práticos, os saberes vernaculares, a experiência dos lugares que as populações que eles estudavam detinham. A neogeografia os oferece diretamente a eles. Ela permite também que se cristalizem os saberes difusos, bem como as reações puramente individuais. É o que justifica o emprego de um termo novo: a consciência dos problemas que a Terra dos homens conhece passa daqui por diante parcialmente pelos sítios em que os encontros são livres e anônimos. A evolução é empolgante para os geógrafos profissionais, que perdem em parte seu papel, mas estão mais bem situados para captar como as representações coletivas se constroem, como os boatos circulam e como os lugares se impõem à atenção das massas.

Geografia e equipamento do território

A concepção positiva da ciência opunha as pesquisas sobre o que existia àquelas sobre o que deveria ser ou era possível. Os questionamentos contemporâneos apagaram essas fronteiras rígidas. O mundo é modelado por forças ecológicas e por imperativos econômicos. Ele reflete os sonhos de que as culturas são portadoras e os projetos que elas conduzem a serem formulados.

Quando eles dão forma à gleba em que vivem, os homens levam em consideração as pressões naturais e hierarquizam seus objetivos para agir com eficiência. Eles tentam, ao mesmo tempo, tornar sua sociedade mais justa e fazer seu meio ambiente mais harmonioso. É assim que se modela a Terra dos homens.

Conclusão

A Geografia explica (i) como os homens se orientam na superfície terrestre e como eles a representam; (ii) como eles modelam a terra para habitá-la e tirar dela aquilo que consomem; (iii) como eles a vivem, se apegam a ela e a fazem sua. Não é uma ciência natural do meio ambiente, ainda que ela integre muitos dos resultados obtidos nesse campo. É uma ecologia das sociedades humanas. O homem faz parte da natureza, como todos os outros seres, mas ele vive também no sonho, no imaginário. Suas escolhas são orientadas, seus comportamentos, justificados, certas porções do espaço, valorizadas, até sacralizadas, em referência às imagens que ele constrói para si do alhures, do aquém ou do além.

As etapas

A geografia adquiriu um estatuto científico quando os gregos tiveram a ideia de "ler no céu a forma da Terra". Eles construíram a carta geográfica sobre bases rigorosas, mas não chegaram a dar conta da diversidade dos relevos e dos meios, e nem se interrogaram sobre a maneira pela qual os homens assentam seu domínio sobre o meio ambiente.

Essa primeira etapa dá um *status* científico ao estudo de orientação e à construção das imagens da Terra. Quando essas operações se tornam puramente técnicas, no século XVIII, a disciplina perde o suporte institucional de que se beneficiava até então. As outras duas etapas, aquela que mostra o homem em ação e a que apreende suas maneiras de viver na Terra, começam então.

O pensamento científico dá um salto na Idade das Luzes. O progresso das ciências da natureza dá aos geógrafos as armas que lhes faltavam para descrever a face da Terra: eles classificam as formas do relevo e explicam sua gênese. Eles mostram como a radiação solar, o solo, o ar, as precipitações dão vida às formações vegetais variadas e definem os meios originais. A geografia física tinha nascido.

A reflexão sobre as sociedades humanas se inicia, assim, no século XVIII, mas ela hesita entre diferentes orientações:

(i) As teorias do contrato social constroem suas interpretações sobre a autonomia do indivíduo. Este cria as instituições indispensáveis à sua segurança e à sua felicidade: dessa perspectiva, a sociedade – e a Geografia – são construções racionais e voluntárias.

(ii) As sociedades do Antigo Regime não oferecem aos homens as condições que um contrato social racional deveria lhes assegurar. O pensamento das Luzes se torna crítico. Os geógrafos denunciam a imperfeição das divisões administrativas, submetidas ao arbítrio do príncipe, mas seu discurso permanece curto.

(iii) Ao insistir na sensibilidade humana, Rousseau abre uma via mais fecunda: a Geografia deve formar cidadãos livres e responsáveis dos quais a cidade tem necessidade. Ela retrata a evolução do homem desde a época em que este vivia no estado natural e ajuda a sociedade civilizada a se livrar de suas taras.

(iv) O fracasso da Revolução Francesa prova que o social é mais complexo do que supunham os teóricos do contrato. Cada um descobre ao nascer um universo social que se impõe a ele e contribui para formá-lo. No caso da Geografia, a nova maneira de conceber a sociedade se impõe por ocasião do debate que o evolucionismo darwiniano inaugura a partir de 1880.

Concebida como uma ecologia do homem, a geografia humana analisa os meios que os grupos concretizam para tirar sua subsistência do meio ambiente e para habitá-lo. Ao recusar fazer do meio um âmbito que condiciona de maneira rígida os comportamentos humanos e o futuro dos grupos, a disciplina destaca o papel da inovação técnica. Ela integra os ensinamentos de Ritter sobre a circulação e a interpretação das escalas. Em sua versão vidaliana, ela explora o saber e as práticas dos grupos tradicionais – seus gêneros de vida – e explica, dessa forma, como eles garantem seu domínio sobre o meio ambiente. Somente a preocupação positivista de rigor impede de ir mais longe na exploração das geografias espontâneas.

CONCLUSÃO

A Geografia clássica se detinha sobretudo nas relações homem/natureza. Para a nova geografia, o enraizamento local dos grupos é simbólico mais que biológico. A lógica da circulação explica a emergência das cidades e sua organização em rede, bem como a oposição das áreas centrais, mais atraentes, e das zonas periféricas, cujas atividades dificilmente se diferenciam. Procedimentos análogos fazem progredir a geografia social e a geografia política.

A situação atual

O questionamento geral do pensamento ocidental que se acelera a partir de 1970 afeta a Geografia como as outras disciplinas sociais: ela merece o estatuto científico que reivindica? Ela não terá se desencaminhado ao servir de instrumentos para os imperialismos? O papel que ela dá ao olhar não a torna suspeita de perversões múltiplas?

Será que jogamos o bebê junto com a água do banho? É possível conceber uma geografia que se prive do sentido da visão e recuse o suporte da carta? Alguns tentam isso: seus trabalhos não deixam de ter atrativos, mas só tratam de imagens, representações ou discursos aos quais a Terra dá lugar. As realidades materiais que essas figuras refletem, essas sequências ou essas palavras são esquecidas.

A maioria interpreta de forma diferente as mutações contemporâneas. Elas conduzem, de fato, a nos mostrarmos mais vigilantes e mais críticos quanto às fontes, às interpretações e às aplicações da Geografia. Mas, ao mesmo tempo e pela primeira vez, elas colocam no mesmo plano aquilo que diz respeito aos conhecimentos que garantem o domínio do espaço e aquilo que resulta da experiência que os homens têm dos lugares.

A Geografia científica por muito tempo tratou apenas de uma parte do que os homens mobilizavam para fazer da Terra seu habitat. Ela foi construída sobre as referências que os pontos cardeais oferecem, sobre a determinação das coordenadas e sobre a construção da carta. Aqueles que se consideravam como geógrafos tinham o desejo de estender seu campo, mas não conseguiam seu intento por falta de ferramentas conceituais adequadas.

A integração dos saberes populares e das experiências foi feita em duas etapas: a partir do século XIX para as práticas e os saberes; e nos anos 1970 para a experiência geográfica. A Geografia, enfim, considera todos os elementos que desde o início contribuíram para fazer de nosso planeta a Terra dos homens. Os questionamentos contemporâneos não

Terra dos homens

comprometeram a disciplina: eles lhe abriram a totalidade de um campo que ela só cobria até então parcialmente.

Uma disciplina complexa

A Geografia tenta compreender o que faz de nosso planeta uma terra humana e aquilo que periga torná-la inabitável. Ela desenvolve vários procedimentos:

(i)   Ela se apoia na geometria da esfera projetiva, na cosmografia e nos meios de sensoreamento remoto (cada vez mais) para propor uma solução universal ao problema da orientação e para levantar cartas sempre mais precisas. Esses conhecimentos são indispensáveis para tirar plenamente partido das etapas vindouras.

(ii) A Geografia analisa o lugar ocupado pelo homem nas pirâmides ecológicas, a maneira pela qual ele as modela de forma a responder às suas necessidades, o que ele tira dali para sua subsistência e o que ele devolve à atmosfera, aos solos e às águas.

(iii) A Geografia leva em consideração as técnicas realizadas pelos grupos humanos para explorar o meio ambiente e torná-lo habitável: aquelas que caracterizam os gêneros de vida das sociedades tradicionais e aquelas que foram imaginadas pelos inventores e pelos engenheiros desde o início da Revolução Industrial.

(iv) A Geografia analisa a mobilidade e a circulação, seja a dos homens, a dos bens ou aquelas das informações. Os circuitos se estruturam para responder às necessidades econômicas dos homens, para dividir as riquezas e bens simbólicos, bem como para assegurar a ordem.

(v)   Não basta organizar racionalmente os usos do solo e garantir o funcionamento econômico, social e político dos grupos para tornar a Terra habitável. Essas são condições desejáveis ou úteis. Mas é importante também que o homem se sinta em casa, que saiba quem ele é e quem são aqueles que o cercam ou vivem mais longe. É necessário que ele tenha uma ideia clara de seu lugar na natureza e do futuro do cosmos. É fazer com que ele aprenda a dar um sentido à sua vida e àquela das coletividades nas quais se insere, mesmo sabendo que a morte o espera.

Compreender o que é a Terra dos homens implica procedimentos que não respondem às mesmas lógicas: leis da física e da geometria para

CONCLUSÃO

a primeira, análise das cadeias tróficas para a segunda, papel das tecnologias para a terceira, organização espacial dos grupos sociais para a quarta, investimento simbólico do mundo e construção de um além que abra perspectivas normativas, para a quinta.

Esses procedimentos são interdependentes: o ponto de vista da *médiance* estabelece uma ponte entre ecologia, tecnologia e organização social (Berque, 1996; 2000; Berque et al., 1999). A abordagem cultural liga os conceitos que os homens têm da natureza, as atitudes que eles adotam quanto às técnicas e à mobilidade, os valores que os comportamentos sociais tensionam e as expectativas e os projetos que os homens imaginam para orientar suas vidas e lhes entreabrir o futuro.

Lições essenciais

Nós vivemos em um mundo no qual a mobilidade cresce, em que as técnicas se tornam mais sofisticadas, em que o meio ambiente está ameaçado. A escala na qual os projetos se estabelecem e para a qual os mercados se abrem excede aquela da experiência comum. A maioria não tem a formação necessária para compreender as tecnologias que transformam sua existência.

A modernidade priva os homens de suas referências tradicionais e das identidades que lhes tranquilizavam. A inquietação na qual eles vivem se exprime pela onda de irracionalidade que varre as sociedades contemporâneas. Os gurus se multiplicam, as seitas proliferam, fundamentalismos e movimentos carismáticos sacodem as religiões instituídas. Novas ideologias suplantam aquelas do progresso, que a evolução recente coloca em má posição (Claval, 2008). Cada um tem o direito de ser feliz livremente; o ecologismo nu e cru se bate por formas extremas de proteção ao meio ambiente; todas as diferenças merecem respeito, como o multiculturalismo professa.

Se nossas sociedades estão desamparadas, é porque a Geografia não foi ensinada como deveria ter sido: não é a ela que cabe fazer todos compreenderem como se construiu a Terra dos homens e em quais condições ela pode continuar a sê-lo?

BIBLIOGRAFIA

AGASSIZ, L. Discours de Neuchâtel. *Société Helvétique*, juillet, 1837.

ANDERSON, B. *Imagined Communities: Reflections on the Origin and Spread of Nationalism*. Londres: Verso, 1983.

ANDRÉE, K. *Geographie des Welthandels mit Erlaüterung*. Stuttgart, 1861-1874, 2 vs.

AUJAC, G. *La Géographie dans le monde antique*. Paris: PUF, 1975.

_____. *La Sphère: instrument au service de la découverte du monde*. Caen: Paradigme, 1993a.

_____. *Claude Ptolémée: astronome, astrologue, géographe*. Paris: CTHS, 1993b.

_____. *Eratosthène de Cyrène: le pionnier de la géographie*. Paris: CTHS, 2001.

BAULIG, H. *Essais de géomorphologie*. Paris: Les Belles-Lettres, 1950.

BENTHAM, J. *Panopticon*. Londres, 1791.

BERDOULAY, V.; SOUBEYRAN, O. Lamarck, Darwin et Vidal: aux fondements naturalistes de la géographie. *Annales de Géographie*, v. 100, 1991, pp. 617-34.

BERNARDIN DE SAINT-PIERRE, J.-H. *Voyage à l'Île de France*. Paris, 1773.

BERQUE, A. *Les Raisons du paysage: de la Chine antique aux environnements de synthèse*. Paris: Hazan, 1995.

_____. *Etre humain sur la terre*. Paris: Gallimard, 1996.

_____. *Ecoumène*. Paris: Belin, 2000.

_____. et al. *Mouvance: cinquante mots pour le paysage*. Paris: Editions de la Villette, 1999.

BERRY, B. J. L.; MARBLE, D. F. (eds.). *Spatial Analysis: A Reader in Statistical Geography*. Englewood Cliffs: Prentice-Hall, 1968.

BESSE, J.-M. *Les Grandeurs de la Terre: aspects du savoir géographique à la Renaissance*. Lyon: E. N. S. Editions, 2003.

_____. *Le Goût du monde: exercices de paysage*. Arles: Actes Sud/ENSP, 2009.

BLANCHARD, R. *Grenoble: étude de géographie urbaine*. Paris: A. Colin, 1911.

BLOCH, M. *Les Caractères originaux de l'histoire rurale française*. Oslo: Institut pour l'Etude Comparée des Civilisations, 1931.

BONNEMAISON, J. Le Territoire enchanté: croyance et territorialité en Mélanésie. *Géographie et Cultures*, v. 1, 1992, pp. 71-88.

BOTING, D. *Humboldt and the Cosmos*. Londres: Michael Joseph, 1973.

BOURGUET, M.-N. *Déchiffrer la France: la statistique départementale à l'époque napoléonienne*. Paris: Editions des Archives Contemporaines, 1989.

BRAUDEL, F. Histoire et sciences sociales: la "longue durée". *Annales ESC*, v. 13, 1958, pp. 725-45.

BROC, N. *La Géographie de la Renaissance*. Paris: CTHS, 1980.

BRUNET, R. Aiguiser le regard sur le monde. *Bulletin de la Société Géographique de Liège*, v. 52, 2009, pp. 59-61.

BRUNHES, J. *La Géographie humaine: essai de classification positive*. Paris: Alcan, 1910.

_____; GIRARDIN, P. Les groupes d'habitation du Val d'Anniviers comme types d'établissements humains. *Annales de Géographie*, v. 15, 1906, pp. 329-52.

BUTTIMER, A. Grasping the Dynamism of Lifeworld. *Annals of the Association of American Geographers*, v. 66, 1976, pp. 272-92.

CAPEL, H. *Varenio: geografía general* Barcelone: Ediciones de la Universidad de Barcelona, 1974.

CLASTRES, H. *La Terre sans mal: le prophétisme tupi-guarani*. Paris: Le Seuil, 1975.

CLAVAL, P. *Essai sur l'évolution de la géographie humaine*. Paris: Les Belles-Lettres, 1964.

_____. *Principes de géographie sociale*. Paris: Litec, 1973.

_____. *Espace et pouvoir*. Paris: PUF, 1978.

_____. *Les Mythes fondateurs des sciences sociales*. Paris: PUF, 1980.

_____. *La Logique des villes: essai d'urbanologie*. Paris: Litec, 1981.

_____. *Histoire de la géographie française de 1870 à nos jours*. Paris: Nathan, 1998.

_____. *Epistémologie de la géographie*. Paris: A. Colin, 2002.

_____. Le Développement durable: stratégies descendantes et stratégies ascendantes. *Géographie, Économie, Société*, v. 8, n. 4, 2006, pp. 415-45.

_____. *Religions et idéologies: perspectives géographiques*. Paris: PUPS, 2008.

_____; SINGARAVÉLOU (dirs.). *Ethnogéographies*. Paris: L'Harmattan, 1995.

COLLIGNON, B. *Les Inuit: ce qu'ils savent du territoire*. Paris: L'Harmattan, 1996.

_____; STASZAK, J.-F. (dir.). *Espaces domestiques: construire, habiter, représenter*. Paris: Bréal, 2004.

COMITÉ NATIONAL FRANÇAIS DE GÉOGRAPHIE. *Atlas de France*. Paris: Editions Géographiques de France, 1931-1946.

CORVISIER, A. (dir.). *Actes du colloque sur les plans-reliefs au passé et au présent*. Paris: Sedes, 1993.

CRANG, M. Displacements: Geographies of Consumption. *Environment and Planning A*, v. 28, n. 1, 1998, pp. 47-68.

DAINVILLE, F. de. *La Géographie des humanistes*. Paris: Beauchesne, 1940.

_____. *Le Langage des géographes*. Paris: Picard, 1964.

DARBY, C. (ed.). *An Historical Geography of England Before A. D. 1800*. Cambridge: Cambridge University Press, 1936.

DARDEL, E. *L'Homme et la terre*. Paris: PUF, 1952.

DARWIN, C. *The Origin of Species by Means of Natural Selection*. Londres, 1859.

DELEUZE, G.; GUATTARI, F. *Mille Plateaux*. Paris: Minuit, 1980.

DERRIDA, J. *L'Ecriture et la différence*. Paris: Points/Seuil, 1967.

DION, R. *Essai sur la formation du paysage rural français*. Tours: Arrault, 1934.

DOWNS, R.; STEA, D. (eds.). *Maps in Mind*. New York: Harper and Row, 1974.

DUNBAR, G. *Elisée Reclus: Historian of Nature*. Hamden: Anchor Books, 1978.

EDGERTON, S. Y. Jr. *The Renaissance Rediscovery of Linear Perspective*. New York: Basic Books, 1975.

ELIADE, M. *Le Sacré et le profane*. Paris: Gallimard, 1965; éd. or. al., Hambourg, Rohwolt, 1957.

FEBVRE, L. *La Terre et l'évolution humaine*. Paris: La Renaissance du Livre, 1922.

FERRETTI, F. *Il Mondo senza la mappa: Elisée Reclus e i geografi anarchi*. Reggio: Umanità Nova, 2007.

FOUCAULT, M. Hétérotopie. *Dits et Ecrits (1976-1988)*. Paris: Gallimard, 1968; nouvelle édition 2002, pp. 1571-81.

_____. *Surveiller et punir*. Paris: Gallimard, 1976.

FRANQUEVILLE, A. L'Espace andin pré-hispanique. In: CLAVAL, P; SINGARAVÉLOU (dir.). *Ethnogéographies*. Paris: L'Harmattan, 1995.

FRÉMONT, A. *La Région: espace vécu*. Paris: PUF, 1976.

FRÉROT, A.-M. *Imaginaires du Sahara: habiter le paysage*, 2010.

GALLOIS, L. *Régions naturelles et noms de pays*. Paris: A. Colin, 1908.

GEORGE, P. (dir.). *Dictionnaire de la géographie*. Paris: PUF, 1970.

GIDDENS, A. *La Constitution de la la société*. Paris: PUF, 1987; éd. or. ang., *The Constitution of Society*. Cambridge: Polity Press, 1984.

GIRAUD-SOULAVIE, J.-L. *Histoire naturelle de la France méridionale*. Paris, 1780-1784, 4 vs.

GODLEWSKA, A. *The Napoleonic Survey of Egypt*. Toronto: Toronto University Press, 1988.

_____. *Geography Unbound: French Geographic Science from Cassini to Humboldt*. Chicago: Chicago University Press, 1999.

GOTTMANN, J. *La Politique des etats et leur géographie*. Paris: A. Colin, 1952.

_____. *Megalopolis: The Urbanized Seaboard of Northeastern United States*. Cambridge: M.I.T. Press, 1961.

GOULD, P. The New Geography: Where the Action Is. *Harper's Magazine*, 1968.

GOUROU, P. *Les Pays tropicaux*. Paris: PUF, 1947.

GREGORY, D. *Ideology, Science and Human Geography*. Londres: Hutchinson, 1978.

GUSDORF, G. *La Révolution galiléenne*. Paris: Payot, 1969.

HAECKEL, E. *Generelle Morphologie der Organismen*. Berlin: Reimer, 1866, 2 vs.

HAESBAERT, R. *O mito da desterritorialização*. Rio de Janeiro: Bertrand Brasil, 2004.

HÄGERSTRAND, T. What about People in Regional Science. *Papers of the Regional Science Association*, v. 24, 1970, pp. 7-21.

HARVEY, D. *Explanation in Geography*. Londres: Arnold, 1969.

_____. *Social Justice and the City*. Londres: Arnold, 1973.

HERDER, J. G. *Une autre philosophie de l'histoire*. Paris: Aubier-Montaigne, 1964/1774.

BIBLIOGRAFIA

_____. *Idées pour la philosophie de l'histoire de l'humanité*, trad. et notes de Max Rouché. Paris: Aubier-Montaigne, 1784-1791, nouvelle édition 1962.

HESSELN, R. de. *Nouvelle topographie, ou description détaillée de la France par carrés uniformes.* Paris, 1780.

HETTNER, A. *Die Geographie: Ihre Geschichte, ihr Wesen und ihre Methoden.* Breslau: Ferdinand Hirt, 1927.

HUMBOLDT, A. de *Ideen zu einer Geographie der Plantzen mit Naturgemälde der Tropenländer.* Stuttgart et Augsburg, 1805.

_____. *Cosmos, Entwurf einer physischen Weltbeschreibung.* Berlin, 1845, 2 vs.; réédition de la trad. fse, *Cosmos. Essai de description physique du Monde.* Paris: Utz, 2000, 2 vs.

ISARD, W. *Location and Space Economy.* Cambridge/New York: The Technology Press of M.I.T./John Wiley, 1956.

JACOB, C. *La Description de la terre habitée de Denys d'Alexandrie ou la leçon de géographie.* Paris: A. Michel, 1990.

_____. *Géographie et ethnographie en Grèce ancienne.* Paris: A. Colin, 1991.

JAMESON, F. Postmodernism and the Cultural Logic of Late Capitalism. *New Left Review*, n. 146, 1984, pp. 53-92.

JEFFERSON, T. *Notes on the State of Virginia.* Londres: Stockdale, 1987.

JOHNSON, H. B. *Order upon the Land.* New York: Oxford University Press, 1976.

JONES III, J. P.; NATTER, W. Space "and" representation. In: BUTTIMER, A; BRUNN, S. D.; WARDENGA, U. (eds). *Text and Image: Social Construction of Regional Knowledges.* Leipzig: Institut für Länderkunde, 1999, pp. 239-47.

JOURDAIN-ANNEQUIN, C., De l'espace de la cité à l'espace symbolique: Héraclés en Occident. *Dialogues d'Histoire Ancienne*, v. 15, n. 1, 1989, pp. 31-48.

_____. L'Image des Alpes chez les Anciens: mythe et histoire. *Pierres de Mémoire, Écrits d'Histoire. Pages d'histoire du Dauphiné offertes à Vital Chomel.* Grenoble: PUG, 2000, pp. 3-29.

JULIEN, F. *L'Invention de l'idéal et le destin de l'Europe.* Paris: Seuil, 2009.

KISH, G. *La Carte: image des civilisations.* Paris, 1980.

KUHN, T. *The Structure of Scientific Revolutions.* Chicago: Chicago University Press, 1962.

LACOSTE, Y. *La Géographie: ça sert, d'abord, à faire la guerre.* Paris: Maspéro, 1976.

LAVEDAN, P. *Géographie des villes.* Paris: Gallimard, 1936.

LAZARUS, N. (ed.). *Penser le postcolonial: une introduction critique.* Paris: Editions d'Amsterdam, 2006.

LESTRINGANT, F. *L'Atelier du cosmographe, ou l'Image du monde à la Renaissance.* Paris: A. Michel, 1991.

LÉVI-STRAUSS, C. *La Pensée sauvage.* Paris: Plon, 1962.

LEYSER, P. *Comentatio de vera geographiae methodo.* Helmstedt, 1726.

MAY, J. A. *Kant's Concept of Geography and its Relation to Recent Geographical Thought.* Toronto: Toronto University Press, 1970.

MINGUET, C. *Alexandre de Humboldt: historien et géographe de l'Amérique espagnole (1799-1804).* Paris: Maspéro, 1968.

MOLLAT, M. *Les Explorateurs du XIIIᵉ au XVIᵉ siècle: premiers regards sur des mondes nouveaux.* Paris: J.-C. Lattès, 1984.

MUSCARÀ, L. *La Strada di Gottmann.* Rome: Nexta Books, 2005.

NISBET, R. A. *The Sociological Tradition.* New York: Basic Book, 1966.

OTTO, R. *Das Heilige: uber das Irrationale in der Idee des Göttlichen und sein Verhältnis zur Rationalen.* Gotha, 1917.

PALSKY, G. *Des Chiffres et des cartes: la cartographie quantitative au XIXᵉ siècle.* Paris: CTHS, 1996.

PARKER, G. *The Military Revolution: Military Innovation and the Rise of the West, 1500-1800.* Cambridge: Cambridge University Press, 1988.

PELLETIER, M. *La Carte de Cassini: l'extraordinaire aventure de la carte de France.* Paris: Presses de l'Ecole Nationale des Ponts et Chaussées, 1990.

PONSARD, C. *Economie et espace.* Paris: Sedes, 1955.

POURTIER, R. *Le Gabon.* Paris: L'Harmattan, 1989, 2 vs.

RAMNOUS, C. Ioniens: VIᵉ avant J.-C. *Encyclopædia Universalis*, v. 10, 1984, pp. 104-7.

RATZEL, F. *Anthropogeographie oder Grundzüge der Anwendung der Erdkunde auf die Geschichte.* Stuttghart: Engelhorn, 1882-1891.

_____. *Völkerkunde.* Leipzig: Bibliographisch Institut, 1885-1888, 3 vs.

_____. *Politische Geographie.* Munich/Leipzig: Oldenburg, 1897.

RECLUS, E. *Nouvelle géographie universelle: la terre et les hommes.* Paris: Hachette, 1876-1894, 19 vs.

_____. *L'Homme et la terre.* Paris: Librairie Nouvelle, 1905-1908, 6 vs.

RECLUS, P. *Les Frères Elie et Elisée Reclus, ou du protestantisme à l'anarchisme.* Paris: Les Amis d'Elisée Reclus, 1964.

REVEL, J. Histoire et sciences sociales: les paradigmes des Annales. *Annales E.S.C.*, 1979, v. 34, pp. 1361-1375. [?]

141

RITTER, C. *Introduction à la géographie générale comparée*, trad. et présentation Nicolas-Obadia. Paris: Les Belles-Lettres, 1974.

ROGER, A. *Court traité du paysage*. Paris: Gallimard, 1997.

ROSE, G. *Feminism and geography*. Cambridge: Polity Press, 1993.

ROUSSEAU, J.-J. *Discours sur l'origine et les fondements de l'inégalité parmi les hommes*. Paris, 1954.

_____. *Du Contrat social, ou principes du droit politique*. Amsterdam: Rey, 1762a.

_____. *Emile*. Paris, 1762b.

SAID, E. *L'Orientalisme: l'orient créé par l'occident*. Paris: Le Seuil, 1980; éd. or. am., 1978.

SARRAZIN, H. *Elisée Reclus, ou la passion du monde*. Paris: La Découverte, 1985.

SAUER, C. O. (ed. by J. Leighly). *Land and Life: A Selection from the Writings from Carl Ortwin Sauer*. Berkeley: University of California Press, 1963.

SCHLÜTTER, O. *Die Ziele der Geographie des Menschens*. Munich/Berlin: Oldenburg, 1906.

SÖDERBLOM, N. *Naturliche Theologie und Allgemeine Religion-Geschichte*. Leipzig, 1913.

STASZAK, J.-F. *La Géographie d'avant la géographie: le climat chez Aristote et chez Hippocrate*. Paris: L'Harmattan, 1995.

_____. *Géographies de Gauguin*. Paris: Bréal, 2003.

STRABON. *Géographie*. Texte établi et traduit par G. Aujac. Paris: Les Belles Lettres, 1969, 2 vs.

TÖRNQVIST, G. *Contact Systems and Regional Development*. Lund: C. W. K. Gleerup, 1969.

TUAN, Yi-fu. *Topophilia*. Englewood Cliffs: Prentice Hall, 1974.

ULLMAN, E. L. (ed. by Ronald Boyce). *Geography as Human Interaction*. Seattle: University of Washington Press, 1980.

VALADE, B. Tabou. In: Mesure, S.; Savidan, P. (dir.). *Le Dictionnaire des sciences humaines*. Paris: PUF, 2006, pp. 1153-5.

VALLAUX, C. *Géographie sociale: le sol et l'etat*. Paris: Dolin, 1911.

VANDENBERGHE, F. *Une Histoire critique de la sociologie allemande*. Paris: La Découverte/Maus, 1997-1998, 2 vs.

VARENIUS, B. *Geographia generalis*. Amsterdam: Elzevir, 1650.

VEBLEN, T. *Théorie de la classe de loisir*. Paris: Gallimard, 1970; éd. or. am., *Theory of the Leisure Class*. New York: Macmillan, 1899.

VERNANT, J.-P. *Les Origines de la pensée grecque*. Paris: PUF, 1969.

VIDAL DE LA BLACHE, P. Le principe de la géographie générale. *Annales de Géographie*, 1896, v. 5, pp. 129-42.

_____. *Tableau de la géographie de la France*. Paris: Hachette, 1903.

_____. Régions françaises. *Revue de Paris*, 1910, pp. 821-49.

_____. Les genres de vie dans la géographie humaine. *Annales de Géographie*, v. 20, n. 111, 1911, pp. 193-212; n. 112, pp. 289-304.

_____. *Principes de géographie humaine*. Paris: A. Colin, 1921.

WEBER, M. *L'Ethique protestante et l'esprit du capitalisme*. Paris: Plon, 1964; éd. or. allemande, 1904-1905.

ZELINSKY, W. The World and its Identity Crisis. In: Adams, P. et al. *Textures or Places: Exploring Humanist Geographies*. Minneapolis: University of Minnesota Press, 2001, pp. 129-49.

O AUTOR

Nascido em 1932, o francês Paul Claval é um dos maiores geógrafos da atualidade. Recebeu o prêmio Vautrin Lud. Foi professor nas universidades de Besançon e Paris-Sorbonne. Sua obra abundante – composta por cerca de 40 livros e 700 artigos e resenhas – é voltada para a história do pensamento geográfico e seus fundamentos epistemológicos. Para esclarecer a relação desta disciplina com outras áreas das ciências sociais, ele pesquisou ainda a geografia econômica, social, política e cultural. Claval também tem interesse na geografia urbana e regional.